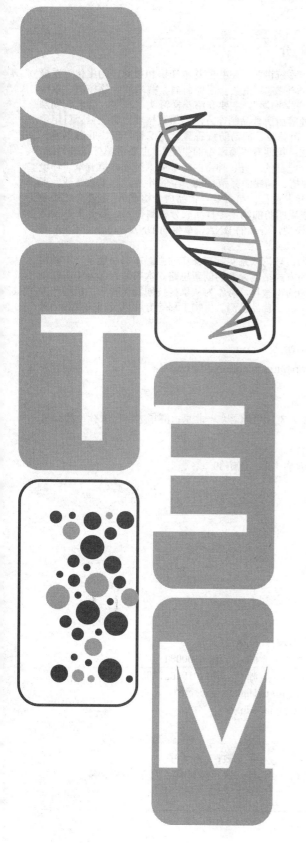

生化创客之路

基于STEM理念的趣味生物创客作品

刘伟善 ⊙ 编著

黄丽娟　吴淑婉　黄再新 ⊙ 参编

U0252582

清华大学出版社
北京

内容简介

本书通过生动有趣并涉及日常生活的生化工程项目，系统讲解了生物的基本知识和技能，为生化"发烧友"量身打造了入门宝典。全书共七章，第一章"食品微生物"，主要介绍葡萄酒、糯米酒、荔枝酒、荔枝罐头、果醋、蘑菇、酸奶等食品发酵技术；第二章"厨房生物学"，主要介绍花样馒头、泡菜、腐乳、剁辣椒、水晶粽、马蹄糕、姜撞奶、山楂球、杧果干、甜橄榄等厨房食品制作方法与保藏技术；第三章"日用生物学"，主要介绍艾草薄荷膏、薄荷驱蚊水、玫瑰纯露、芦荟胶、简易防疫香囊、便携香皂纸、叶脉书签、腊叶标本、蝴蝶赏花、水晶、天然色素等日用品制备方法；第四章"魔术中的生物"，主要讲解柠檬破气球、天然酵母吹气球、蔬菜换装、柠檬火花、手帕变脸术、会吃糖的土豆、神奇的酶等魔术过程。第五章"环境中的生物"，主要介绍生态瓶、豆芽的种植、向日葵的种植、蝴蝶的养殖、水中游的叶片、瓶子吹气球、多肉植物组合盆栽、微生物的艺术——细菌作画等项目的开发过程；第六章"食品成分检测"，主要介绍奶粉蛋白质的测定、水果还原糖的测定、果蔬淀粉的测定、坚果脂肪的测定等食品成分检测技术。第七章"DNA的奥秘"，主要介绍DNA的双螺旋结构，细胞膜的结构模型，香蕉的DNA、草莓的DNA、自己的DNA等生物基因提取技术。

本书图文并茂，示例丰富，生动有趣，讲解细致透彻，理论联系实际，操作性强。本书引用了50项国家专利技术供读者学习模仿创新，并通过创新思维导图的方式拓展读者的创新思路。本书适合作为中小学创客教育、创新教育、劳动教育、科技创新与STEM教育的通识教材，可作为从事科技创新大赛培训机构和中小学科技老师指导用书，也可作为大中专高职院校食品工程、食品检测、生物工程等专业以及相关课程的教材或参考书。

图书在版编目（CIP）数据

生化创客之路：基于 STEM 理念的趣味生物创客作品 / 刘伟善编著. —北京：清华大学出版社，2022.4
ISBN 978-7-302-60360-3

Ⅰ．①生…　Ⅱ．①刘…　Ⅲ．①生物学—青少年读物　Ⅳ．①Q-49

中国版本图书馆 CIP 数据核字（2022）第 044095 号

责任编辑：邓　艳
封面设计：刘　超
版式设计：文森时代
责任校对：马军令
责任印制：刘海龙

出版发行：清华大学出版社
　　　　网　　　址：http://www.tup.com.cn，http://www.wqbook.com
　　　　地　　　址：北京清华大学学研大厦 A 座　　　　邮　　编：100084
　　　　社 总 机：010-83470000　　　　邮　　购：010-62786544
　　　　投稿与读者服务：010-62776969，c-service@tup.tsinghua.edu.cn
　　　　质量反馈：010-62772015，zhiliang@tup.tsinghua.edu.cn
印 装 者：三河市少明印务有限公司
经　　销：全国新华书店
开　　本：185mm×260mm　　印　张：12　　字　数：298 千字
版　　次：2022 年 4 月第 1 版　　印　次：2022 年 4 月第 1 次印刷
定　　价：49.00 元

产品编号：094498-01

前　言

　　近年来，科学技术迅速发展，生物工程技术更是突飞猛进，一波又一波的信息革命浪潮席卷而来带给生物工程技术强有力的推动力。生物工程已经发展成为世界新技术革命中的一项综合的技术体系，在开发与应用方面展现了广阔前景。2019 年全球疫情暴发以来，在开展新冠疫情防控工作的过程中，我国研发的可吸入式新冠疫苗顺利获得权威认可，这一情况证明了中国在疫苗研发工程领域的强大实力。因此，生化工程技术的崛起使我们好奇、兴奋，带给我们无尽的惊喜。

　　2015 年，政府工作报告首次出现"创客"一词，并专门提到"大众创业，万众创新"，当年我也申报了广东省教育科研规划课题《基于项目学习的高中创客教育实践研究》并获得了立项。历经六年多的刻苦钻研，我们先后开发了"Arduino 创客之路：智能感知技术基础""Python 人工智能""生化创客之路：基于 STEM 理念的趣味生物创客作品""生化创客之路：基于 STEM 理念的趣味化学创客作品""Python 无人机编程"的课程并得以实施，学生的实践创新能力得到了提高。但是，在创客教育课程教学中，我发现很多老师把创客教育与编程教育画等号，把不懂编程的热爱创造人士拒之于创客教育门外，扭曲创客教育。其实，从创客概念上来理解，创客教育包含非编程模式。直到国内兴起 STEM 教育浪潮，我带领生化创客导师团队在普通高中开展非编程的生化工程领域创客教育实践活动，试图在课程建设方面有所突破，并推动跨学科融合培养的教育模式，让探索发现成为学生学习的动力，培养学生深度学习，造就学生成为有创造力的思考者、问题解决者和创新发明者。

　　今天，沿着探索生化工程技术创新之路，秉承"让学习变得更好玩"的教育理念，我们创客导师团队整理创客作品编册成书，供热心于非编程学生和社会人士使用。书中精选最贴近生活的、浅显易懂的实际案例，采用手把手实例讲解的方式，引入相关专利技术方案摘要，激发学生的创新思维。通过思维导图引导创客们掌握模仿、微创、错位、越位、包容等创新方法，提高创新意识，解决初学者可能遇到的门槛问题，帮助初学者少走弯路，迈好踏入生化工程殿堂的第一步，打好进一步提高的知识基础。这对引导学生开展深入探究与实践，激活学生的创造性思维与创新意识，提升学科核心素养，起到了积极的作用。期待此书能为社会培养更多的生化工程技术人才。

　　本书是一本生化创客项目设计的科创教程，作为创新思维教育课程，全书共分为七章。

　　第一章：食品微生物。通过一些真实的日常生活案例，沿着生活中常见的食品创造之路，让创客们开始学习微生物发酵技术在生活中的应用，解决食品发酵技术创新中的真实问题。掌握 STEM 理念的创造基本思想与方法，培养创客们的设计思维与创造性思维，提高创客们的实践创新能力。第二章：厨房生物学。通过常见的花样馒头、泡菜、腐乳、剁辣椒、水晶粽、马蹄糕、姜撞奶、山楂球、杧果干、甜橄榄等厨房食品项目制作过程的学习，让创客们实践干藏、腌藏、窖藏等厨房食品保藏技术，掌握厨房食品加工创新方法。第三章：日用生物学。从一些现实生活应用实例出发，让创客们在艾草薄荷膏、薄荷驱蚊水、玫瑰纯露、芦荟胶、简易防疫香囊、便携香皂纸、叶脉书签、腊叶标本、蝴蝶赏花、水晶、天然色素等日用品制备过程中学习微创、错位、模仿等创新方法，拓展视野并掌握日用生物工程技术，同时把抽象的生物学知识变为形象具体的趣味创客活动，让创客们尽快掌握日用中的生物学基础知识。第四章：魔术中的生物。通过柠檬破气球、天然酵母吹气球、蔬菜换装、柠檬火花、手帕变脸术、会吃糖的土豆、神奇的酶等魔术的学习，让创客们亲身体验了生物学魔术的神奇，点燃了他们对生物学的学习热情；让创客们像科学家那样去探索生命活动中各种神秘现象，提升自己的生物科学与实践创新素养。这些内容有益于激发学生创新的兴趣，培养学生动手实践的能力。第五章：环境中的生物。通过生态瓶、豆芽的种植、向日葵的种植、蝴蝶的养殖、水中游的叶片、瓶子吹气球、微生物的艺术——细菌作画等环境中的生物工程项目的开发与制作，创客们体验了生物监测、生物效应、生物资源合理开发以及生态环境保护等应用过程，揭开了环境生物学的神秘面纱。第六章：食品成分检测。通过奶粉蛋白质的测定、水果还原糖的测定、果蔬淀粉的测定、坚果脂肪的测定等食品成分检测技术介绍，为读者揭开生物检测技术的神圣面纱，并引导读者综合运用前面所学的生物知识来解决实际问题。第七章：DNA 的奥秘。通过 DNA 的双螺旋结构、细胞膜的结构模型、香蕉 DNA 的提取、草莓 DNA 的提取、提取自己的 DNA 等生物基因提取技术的介绍，为读者揭开了生物基因提取的神秘面纱，让读者感受生物 DNA 的奥秘。

使用本书时，建议通读目录，精读章首导言。章首导言叙述了该章的学习目的、学习目标和学习内容，让读者对该章有一个总体认识，也让读者在学完该章后进行自我评价时有个参照标准。在本书中有如"知识链接""项目任务""探究活动""成果展示""思维拓展""想创就创"等，它们会帮助读者更好地理解课文的内容，指导读者开展学习活动。例如，"知识链接"是为完成学习目标而设置的相关知识内容；"项目任务"是明确学习任务；"探究活动"是让读者在学习活动中培养团体合作意识和创新意识，提高研究能力；"成果展示"是一项众创众智的举措，让读者自觉践行知识分享的创客精神；"思维拓展"是告诉读者在课本知识之外还可以做什么创新，构建创造性思维，引导创新。"想创就创"是本节课相关知识的发明专利文摘，给读者参考别人的创新，让读者有一个模仿创新的模板，引导读者创新。

在本书的编写过程中，得到了许多生物学科老师的支持，他们提出了很多宝贵的意见和建议，在此我深表谢意。其中，黄丽娟老师为本书提供了酸奶等 15 个课例核心技术，共 5.25 万字；吴淑婉老师为本书提供了荔枝酒等 15 个课例核心技术，共 5.2 万字；黄再新老师为本书提供了香蕉 DNA 的提取等 8 个课例核心技术与全书的习题，共 5.05 万字；李映珠老师给了我一篇细菌作画课例，在此一并致谢。

由于编写时间仓促，部分引用文献未能注明出处，编者水平有限，书中疏漏或不妥之处在所难免，敬请广大读者、同人不吝赐教，予以指正。

编　者

目　录

第一章　食品微生物

近年来，随着现代生物工程技术突飞猛进的发展，生物工程技术在食品工业中的应用日益广泛和深入，利用基因工程对微生物进行菌种改造，从根本上解决发酵食品生产工艺中的问题，已在食品工业中开展试用。功能性食品及食品添加剂等各方面的生产都将与微生物紧密相连，微生物将为食品工业的发展开辟更广阔的前景。它的发展对于解决食物短缺、缓解人口增长带来的压力、丰富食品种类、满足不同的消费需求、开发新型功能性食品具有重要的贡献。

本章将通过一些真实的日常生活案例，沿着生活常见的食品创造之路，让创客们开始学习微生物发酵技术在生活中的应用，解决食品发酵技术创新中的真实问题。掌握 STEM（科学、技术、工程和数学教育）理念的创造基本思想与方法，培养创客们的设计思维与创造性思维，提高创客们的实践创新能力。

本章主要项目

➢ 葡萄酒的酿制
➢ 糯米酒的酿制
➢ 荔枝酒的酿制
➢ 荔枝罐头的制作
➢ 果醋的制作
➢ 蘑菇的种植
➢ 酸奶的制作

第一节　葡萄酒的酿制

知识链接

在考古研究中，在欧洲保加利亚的古人遗迹中发现，大约在公元前 3000—公元前 6000 年，已开始以葡萄汁液进行酿酒，而古代诗人荷马亦在其 *Iliad* 和 *Odyssey* 两本著作中也提到色雷斯人（保加利亚的古人）的优良酿酒技术。所以，有很多人认为保加利亚是葡萄酒的发源地。

葡萄酒的品种很多，因葡萄的栽培、葡萄酒的生产工艺条件不同，产品风格各不相同。以成品颜色来说，可分为红葡萄酒、白葡萄酒和桃红葡萄酒三类。其中，红葡萄酒又可细分为干红葡萄酒、半干红葡萄酒、半甜红葡萄酒和甜红葡萄酒。白葡萄酒则细分为干白葡萄酒、半干白葡萄酒、半甜白葡萄酒和甜白葡萄酒。桃红葡萄酒也叫桃红酒、玫瑰红酒。以酿造方式来说，可以分为葡萄酒、气泡葡萄酒、加烈葡萄酒和加味葡萄酒四类。一般按酒的颜色深浅、含糖量多少、是否含二氧化碳（CO_2）及采用的酿造方法来分类，国外也有采用以产地、原料名称来分类的。按照国际葡萄酒组织的规定，葡萄酒只能是破碎或未破碎的新鲜葡萄果实或汁完全或部分酒精发酵后获得的饮料，其酒精度一般在 8.5°～16.2°；按照我国最新的葡萄酒标准 GB 15037—2006 规定，葡萄酒是以鲜葡萄或葡萄汁为原料，经全部或部分发酵酿制而成的，酒精度不低于 7.0% 的酒精饮料。

葡萄酒的发酵需要酵母菌，酵母菌是一种兼性厌氧菌，有氧呼吸产生二氧化碳和水，无氧呼吸（酒精发酵）产生酒精和二氧化碳。因此，葡萄酒酿造的原理为：$C_6H_{12}O_6 \xrightarrow{\text{酶}} 2C_2H_5OH$（酒精）$+2CO_2+$能量，就是糖分在酵母的作用下转化成为酒精和二氧化碳。酵母菌酒精发酵温度控制在 18～25℃，繁殖的最适温度在 20℃左右。酒精可与酸性重铬酸钾反应变成灰绿色。

高中生物果酒和果醋发酵通用装置，如表 1.1 所示。本次项目介绍了一种适用家庭制作葡萄酒的方法，故本项目没有采用如表 1.1 所示的装置。

表 1.1　发酵通用装置

装 置 图	结 构	目 的
充气口 排气口 出料口	充气口	醋酸发酵时连接充气泵，输入无菌空气；制酒时关闭充气口
	排气口	用来排出 CO_2
	长而弯曲的胶管	防止空气中微生物的污染
	出料口	便于取料，及时监测发酵进行的情况

项目任务

1．了解葡萄酒酿制的原理。
2．掌握葡萄酒酿制的基本操作步骤。
3．学习葡萄酒的品评。

探究活动

所需器材：鲜红葡萄 500 g、白砂糖、发酵瓶、纱布、蔬菜盆、木棒、恒温箱。
探究步骤
（1）把葡萄整串冲洗干净，去除损坏果皮的葡萄，通风晾干，如图 1.1 所示。
（2）把去梗葡萄放入盆里，用木棒捣碎，葡萄皮、葡萄籽和果肉全都留在盆里，然后按葡萄与白砂糖的比例为 6∶1 放白砂糖（根据个人口味可适当加白砂糖），搅拌均匀，如图 1.2 所示。

图 1.1　冲洗干净的整串葡萄 图 1.2　把葡萄放入盆里

（3）待白砂糖完全融化后，将葡萄装入洗干净、消毒的发酵瓶里，装至 2/3，如图 1.3 所示。

（4）放在 18～25℃的温度下发酵，如图 1.4 所示。发酵过程要注意适时排气，防止酒瓶爆裂，可在出现较多气泡后，用消毒的筷子每天搅拌一次，大概搅拌一周。

图 1.3 发酵瓶

图 1.4 发酵过程

（5）当瓶中基本不再产生明显气泡时，可用纱布过滤皮渣、葡萄籽和死酵母，酒液装入另一个发酵瓶中进行第二次发酵，一周后，可进行第二次过滤，如图 1.5 所示。

图 1.5 用纱布过滤皮渣、葡萄籽和死酵母

（6）10 天后，可以进行酒精检测，如图 1.6 所示。

（7）整个酿制过程大约 21 天，葡萄酒酿制时间越久越香。后期发酵后酒体浑浊，可将浑浊的酒放入一个干净的透明玻璃容器中，低温澄清，将酒中的大颗粒物质沉淀下来。等葡萄酒澄清后，将上层清亮的酒吸出，进行密封陈酿。澄清时酒要装满容器，同时要将容器密封，防止空气进入。

想一想

1．葡萄酒制作过程需要注意什么问题？
2．比较自己制作果酒的方法与工厂生产果酒的工艺流程的异同？

温馨提示

1．发酵过程注意偶尔要排气，防治酒瓶爆裂，可在出现较多气泡

图 1.6 酒精检测

后，用消毒的筷子每天搅拌一次，大概搅拌一周。

2．食品制作过程所有用具与环境必须消毒，达到国家食品加工安全要求。

3．食材必须选择新鲜且不变质的合格商品。

4．若葡萄酒出现霉点，异味，说明操作过程出现污染，请勿品尝。

5．葡萄酒含有酒精，请勿过度饮用，自酿葡萄酒的保质期大约两年。

成果展示

（1）成果展示，如图 1.7 所示。

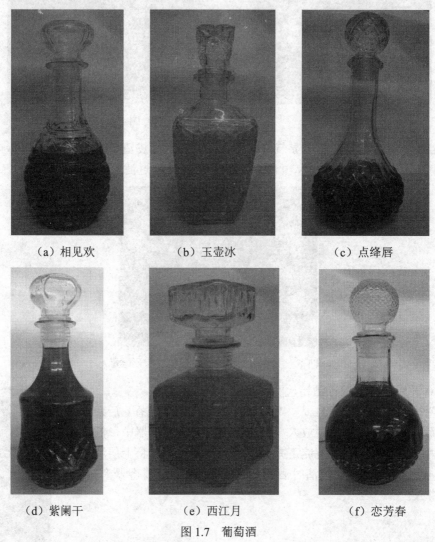

（a）相见欢　　　　　（b）玉壶冰　　　　　（c）点绛唇

（d）紫阑干　　　　　（e）西江月　　　　　（f）恋芳春

图 1.7　葡萄酒

（2）交流评价。在葡萄酒和葡萄醋的酿制创客实验的项目学习评价中，我们具体设置了项目主题评价表、项目方案评价表、研究活动过程评价表、作品的质量评价表、成果交流评价表、学生自我评价表、家长评价表、教师评价表、专家评价表和项目学习综合成绩评价表，如表 1.2 所示。

表 1.2　项目学习综合成绩评价表

小组名称			
指导教师		组长	
小组成员		完成时间	
成绩组成部分	A	B	C
1. 项目选择			
2. 方案设计			
3. 研究过程			
4. 成果质量			

思维拓展

葡萄酒的品质七分取决于原料，三分取决于工艺。葡萄酒的酒精度由葡萄所含的糖转化而来，葡萄酒的颜色来源于葡萄皮、果肉中所含的色素。酿造红葡萄酒用红色品种的葡萄，颜色紫黑，成熟度高，但不能用过于熟透的葡萄，否则在清洗时容易造成破损，发生溃烂。通过本项目的实施，我们还可以从哪些方面进行创新葡萄酒制造？如图 1.8 所示。

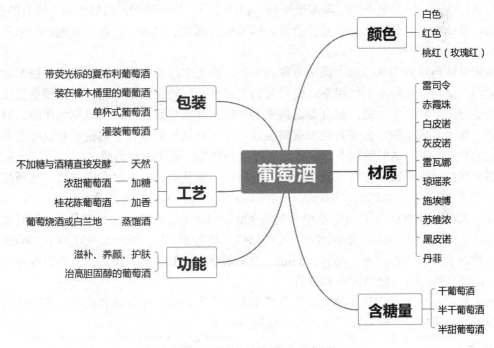

图 1.8　葡萄酒创新思路示意图

想创就创

中国长城葡萄酒有限公司的奚德智、孙腾飞、罗建华等人发明了一种干红葡萄酒橡木桶发酵工艺，其获得国家专利：ZL200710106058.4。当前权利人：中粮华夏长城葡萄酒有限公司。

本发明涉及葡萄酒的发酵工艺，具体来说，是一种干红葡萄酒橡木桶发酵工艺。目前干红葡萄酒的发酵容器采用不锈钢罐或水泥池，这两种发酵容器制备的葡萄酒在色泽和营养方面还有欠缺，不能满足人们对营养和健康的需要。本发明在干红葡萄酒发酵过程中采用橡木桶发酵容器，在前发酵时不添加 SO_2 等抗氧化剂，加入果胶酶进行色素浸提，加入葡萄酒专用活性干酵母进行控温发酵；在后发酵时加入专用乳酸菌进行乳酸发酵（MFL）。本发明的干红葡萄酒发酵方法减少了 SO_2 的使用量，保留并增加了葡萄酒的风味、色泽及营养成分，是消费者需要的健康饮品。

请大家下载该专利技术方案并认真阅读，说出它的创意和创新点，然后想想有什么启发。想创就创，结合以上专利技术创新方法，除了酿制葡萄酒，还可以购买其他水果和干酵母菌制作苹果酒或者其他果酒。

第二节　糯米酒的酿制

知识链接

糯米酒也就是糯米甜酒，糯米甜酒是特色传统名小吃，也是客家人节日庆典接待客人、滋补身体的饮品。它主要采用糯米酿造而成，色泽金黄，清凉透明，口感醇甜，特有的香气，酒度低，风味独特，具有良好的营养价值。糯米酒是湖北、湖南、广西、贵州、广东等地珍贵的客家人农家特产。

糯米是糯稻脱壳的米，在中国南方称为糯米，而在中国北方则多称为江米。糯米含有丰富的淀粉，淀粉在淀粉酶的作用下，先转化为麦芽糖，再转化为葡萄糖。受到酒曲里微生物酵母菌进行无氧呼吸作用后，部分葡萄糖变为酒精，其味甘甜柔顺，所以称为甜酒。酵母菌是真菌，属于真核生物，也是兼性厌氧型生物，即在有氧气的条件下可进行有氧呼吸并产生二氧化碳和水，在无氧的条件下，进行无氧呼吸并产生二氧化碳和酒精。

糯米甜酒营养丰富，含有丰富的糖分、蛋白质、氨基酸、维生素和矿物质。甜酒酿含有 19 种氨基酸，总量为 1100 mg/100 mL～1700 mg/100 mL，其中谷氨酸含量最高，为 190 mg/100 mL～320 mg/100 mL；必需氨基酸总量为 390 mg/100 mL～580 mg/100 mL，占氨基酸总量的比例为 32.00%～35.45%。甜酒酿中，还原糖的含量为 35.76 g/100 mL～37.34 g/100 mL；总酸的含量为 0.34 g/100 mL～0.46 g/100 mL。甜酒酿含有的氨基酸种类齐全，而且糖度和酸度适中，酒精度低，具有较高的营养价值。

糯米甜酒温中益气、补气养颜，是中老年人、孕产妇和身体虚弱者的日常滋补佳品。糯米甜酒口感香甜醇厚，但是饮用糯米甜酒也需要适量。

项目任务

1. 了解糯米酒酿制的原理。
2. 掌握基本操作步骤。
3. 学习糯米甜酒的鉴定、品评。

探究活动

所需器材：酒饼丸 5 g、糯米 500 g、笼屉、锅、饭铲、密封玻璃瓶、研钵、温度计。

探究步骤

（1）将糯米放在冷水里浸泡 2～5 h，浸泡至糯米可用手碾碎即可，如图 1.9 所示。

图 1.9 浸泡米

（2）用隔水蒸饭的方法，大火约半小时蒸熟，如图 1.10 所示，尽量不要用电饭锅蒸饭。

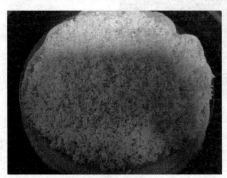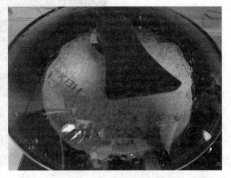

图 1.10 隔水蒸饭

（3）将蒸熟的糯米饭打散冷却至 28℃左右，如图 1.11 所示。分次加入 200 mL 左右的凉白开水，打湿糯米饭。

（4）取一颗酒饼丸磨碎成粉，如图 1.12 所示。取 1 g 酒饼粉，拌入糯米饭中，搅拌均匀，如图 1.13 所示。

图 1.11 打散糯米饭　　　　　　　　　　图 1.12 酒饼碾碎成粉

（5）拌好的糯米饭放入无水、无油、密封性好的玻璃瓶里，装至 2/3。稍稍按紧实，中间挖一个洞，如图 1.14 所示。在糯米饭表面再撒上酒饼粉，盖上保鲜膜密封，如图 1.15 所示。

图 1.13　糯米饭中拌入酒饼粉

图 1.14　装瓶压实糯米饭

图 1.15　盖上保鲜膜

（6）封存放于温度 28～32℃ 的环境下，夏天室温即可，冬天可放于恒温箱中，如无恒温箱，可以用一床被子捂着。3～5 天后，糯米饭发酵软绵、出水并发出酒香味，尝一下，是酸甜可口的味道，就算做好了，如图 1.16 所示。

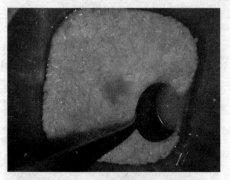

图 1.16　制作成功的糯米酒

想一想

酒饼丸中含有什么微生物？进行的是什么呼吸方式？

温馨提示

1. 食品制作过程所有用具与环境必须消毒，达到国家食品加工安全要求。

2. 甜糯米酒酿制过程需使用煤气灶，糯米蒸熟后温度较高，请全程戴防烫手套，防止烫伤。

3．加酒曲时，若糯米饭温度太高，会导致酒曲被烫死，导致酿制失败，酿制过程中需全程控制好温度，否则影响甜糯米酒品质。

4．酿好甜糯米酒应该是外观饭粒饱满、洁白，闻之有淡淡的酒香且品尝有味；若出现绿色、红色、黄色或橘色等菌丝时，可能是青霉菌、黄曲霉菌污染，请勿品尝。

5．甜糯米酒酿成后一周内吃完为佳，如果吃不完，一定要放入冰箱冷藏，减缓发酵速度，也需尽快吃完。

成果展示

制作成功的糯米酒如图 1.16 所示。你可以让身边的亲戚、朋友来品尝，也可以拍成 DV（数字视频）发到朋友圈，让更多的人分享你的成果。

思维拓展

选用糯米制作，干净环保，十分适用于家庭制作，真正的学有所用，用有所成。糯米酒有"百药之长"的美称，是医药上很重要的辅佐料或"药引子"，经常食用还可以补气养颜！经过本项目的制作，还可以从哪些方面进行创新？如图 1.17 所示。

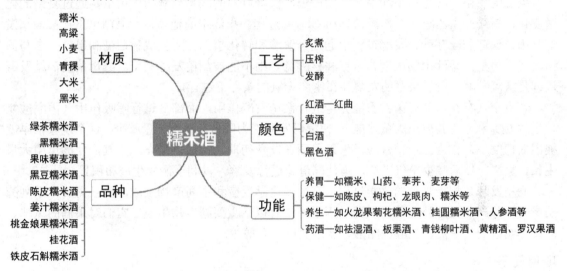

图 1.17　糯米酒创新思路示意图

想创就创

南京林业大学的吴彩娥、范龚健、李婷婷、王佳宏、吴芳芳等人发明了一种宣木瓜糯米酒及其生产工艺，其获得国家专利：ZL201510347906.5。

宣木瓜糯米酒及其生产工艺，步骤为：宣木瓜经去皮、切块和清洗后进行热烫处理，热烫结束后打浆待用；糯米经浸泡后蒸煮、摊凉，再按每千克糯米加入酒曲搅拌均匀，进行糖化；糖化结束后，加入制备得到的宣木瓜浆，同时加入灭菌水，再加入酵母，搅拌均匀，得到宣木瓜糯米酒酒醪；另取一份等量的糯米，按相同的工艺浸泡、蒸煮、摊凉、糖化；糖化结束后加入宣木瓜糯米酒酒醪中，进行补料发酵；发酵结束后，酒醪经纱布过滤，过滤后的酒液加入复合澄清剂，澄清处理宣木瓜糯米酒，将获得的宣木瓜糯米酒酒液加热，进行陈酿后得到宣木瓜糯米酒。本发明最终得到的酒液酒精度高，同时富含三萜和黄酮类化合物，是一种集营养与功能于一体的保健型酒。

请大家下载该专利技术方案并认真阅读，找出它的创意和创新点，然后想想有什么启发。模仿以上专利技术创新方法，自己在家制作一次荔枝糯米甜酒。

第三节　荔枝酒的酿制

知识链接

荔枝酒是由荔枝、白酒、适量冰糖等为原料制作而成的果酒。"日啖荔枝三百颗，不辞长作岭南人。""一骑红尘妃子笑，无人知是荔枝来。"形容的都是荔枝味道鲜美甘甜，人们对荔枝的喜爱。但荔枝若离本枝，一日而色变，二日而香变，三日而味变，四五日外，色香味尽去矣。荔枝不耐储存又性热，糖分高，多食易上火，少部分人得荔枝病。荔枝病是由于大量进食鲜荔枝后，机体分泌胰岛素过多导致的低血糖。

果酒的酒精发酵是指果汁中所含的己糖，在酵母菌的一系列酶的作用下，通过复杂的化学变化，最终产生乙醇（俗称酒精）和 CO_2 的过程。果汁中的葡萄糖和果糖可直接被酒精发酵利用，蔗糖和麦芽糖在发酵过程中通过分解酶和转化酶的作用生成葡萄糖和果糖并参与酒精发酵。但是，果汁中的戊糖、木糖和核酮糖等则不能被酒精发酵利用。酵母菌的酒精发酵过程是厌氧发酵，所以果酒的发酵要在密闭无氧的条件下进行，

若有空气存在，酵母菌就不能完全进行酒精发酵作用，而部分进行呼吸作用（丙酮酸氧化生成 CO_2 和水，并放出大量热能），使酵母发酵能力降低，酒精产量减少，这个现象很早就被巴斯德发现，称为巴斯德效应。所以果酒在发酵初期，一般供给充足空气，使酵母菌大量生长、繁殖，然后减少空气供给，迫使酵母菌进行发酵，以利于酒精生成和积累。

酒精发酵是相当复杂的化学过程，有很多化学反应和中间产物生成，而且需要一系列酶的参与。除产生乙醇外，酒精发酵过程中还常有以下主要副产物生成，它们对果酒的风味、品质影响很大：甘油、乙醛、醋酸、琥珀酸以及杂醇等。

项目任务

1. 掌握荔枝酒的制作流程。
2. 了解当地常栽培的荔枝品种。

探究活动

所需器材：1000 g 荔枝、300 g 冰糖、600 mL 30° 左右的白酒、盐、剪刀、密封玻璃瓶。
探究步骤

（1）将荔枝剥壳去核，如图 1.18 所示，可根据个人需要用淡盐水浸泡 15 min 去火，如图 1.19 所示。

（2）把荔枝果肉装瓶，一层果肉一层冰糖，比例为 1∶0.3，如图 1.20 所示。加入 600 mL 30° 的白酒，浸没荔枝，距离瓶盖要保留一定的空间，密封如图 1.21 所示。荔枝酒发酵 3 个月后可食用，由于是低度酒酿制，开瓶后 3 个月内喝完味道为佳。

图 1.18　剥壳去核　　　　　　　　　图 1.19　淡盐水浸泡

图 1.20　加冰糖装瓶　　　　　　　　图 1.21　密封

想一想

1．荔枝酒为什么要直接加入白酒，而不使用酵母菌酒精发酵？
2．为什么荔枝酒不能装满密封玻璃瓶？

温馨提示

1．食品制作过程所有用具与环境必须消毒，达到国家食品加工安全要求。
2．自制荔枝酒若密封条件不好，容易滋生细菌，若出现霉菌，请勿食用。
3．荔枝酒容易变质，保质期最多 6 个月，开封后请尽快食用。
4．荔枝酒含有酒精，请勿过度饮用。
5．荔枝酒糖分较高，糖尿病患者禁止饮用。

成果展示

　　当荔枝果肉装瓶发酵 3 个月后可食用，打开瓶闻到酒香味，此时，证明你的荔枝酒制作成功了，如图 1.22 所示。你可以让身边的亲戚、朋友、老师、同学来品尝，也可以拍成 DV 发到朋友圈分享，让更多的人分享你的成果。

图 1.22　密封一个星期后的荔枝酒

思维拓展

　　在本章第一节中介绍了葡萄酒酿制，今天介绍了荔枝酒酿制，大家看有什么异同？除此之外，还可以从哪些方面进行创新？如图 1.23 所示。

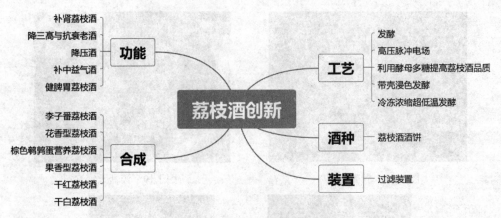

图 1.23　荔枝酒创新思路示意图

想创就创

广东祯州集团有限公司的张斌、薛子光、吴军、王春宁、李慧等人发明了一种干红荔枝酒及其生产方法，其获得国家专利：ZL201310635960.0。

本发明公开了一种干红荔枝酒及其生产方法，本发明的干红荔枝酒包括以下步骤：将荔枝原料预处理、破碎、成分调节、带壳低温发酵、浸提果壳红色素、转罐、下胶、过滤、膜滤，最后得到干红荔枝酒。在本发明的干红荔枝酒的生产方法中，浸提果壳红色素是采用超声波协同荔枝烈酒浸提果壳红色素的方法，浸提得到的红色素中富含原花青素、单宁等多酚类物质，酒体醇厚感强，结合低温发酵及后续的转罐、下胶、过滤和膜滤，所制作得到的干红荔枝酒色泽诱人、澄清明、口感醇厚、结构感强、香气和谐、营养丰富。本发明的干红荔枝酒制作工艺简单，成本低。

请大家下载该专利技术方案并认真阅读，说出它的创意和创新点，然后想想有什么启发。模仿以上专利技术创新方法，结合自己身边的实际，尝试用别的水果制作果酒。

第四节　荔枝罐头的制作

知识链接

采用金属薄板、玻璃、塑料、纸板或上述某些材料的组合制成可密封的容器，内存商业的食品，经特定处理，达到商业无菌，可在常温下保持较长时间而不致败坏，这种类型的包装食物称为罐头。罐头可以是罐装饮料，包括罐头汽水、咖啡、果汁、冻奶茶、啤酒等，也可以是罐装食品，包括午餐肉。开罐部分沿用开罐器，或有仿易拉罐技术，如今开罐方式多数是易拉罐式。

"一骑红尘妃子笑，无人知是荔枝来。"荔枝（学名：litchi chinensis sonn）属无患子科，常绿乔木，高约 10 m，分布在我国的西南部、南部和东南部，广东省和福建省南部盛产荔枝。果皮有鳞斑状突起，鲜红，紫红。成熟时至鲜红色；种子全部被肉质假种皮包裹。开花在春季，结果在夏季。荔枝主要栽培品种有三月红、圆枝、黑叶、淮枝、桂味、糯米糍、元红、兰竹、陈紫、挂绿、水晶球、妃子笑、白糖罂等十三种。当中桂味、糯米糍是上佳的品种，也是鲜食之选，挂绿更是珍贵难求的品种。"萝岗桂味""毕村糯米糍""增城挂绿"有"荔枝三杰"之称。广东省惠州市惠阳区镇隆镇的桂味、糯米糍更为美味鲜甜。荔枝果肉鲜美甘甜，口感软嫩，而且营养丰富，含有机体所需要的蛋白质、糖分、维生素 C 等多种营养素。荔枝具有增强身体免疫力、美白、补充能量、开胃益脾和止腹泻等功效，因荔枝糖分高，故糖尿病人不宜多吃。荔枝性热，多吃容易上火，吃前可将果肉用盐水泡下。荔枝不耐储存，常制作成荔枝罐头、荔枝酒和荔枝饮料等美食。

　　罐头食品是指将符合要求的原料经过处理、调配、装罐、密封、杀菌、冷却，或无菌灌装，达到商业无菌要求，在常温下能够长期保存的食品。罐头食品制作有两大关键特征：密封和杀菌。

项目任务

　　1．掌握荔枝罐头的制作流程。
　　2．了解当地常栽培的荔枝品种。

探究活动

　　所需器材：1000 g 荔枝、100 g 冰糖、盐、剪刀、汤锅、勺子、汤盆、密封玻璃瓶。
　　探究步骤
　　（1）将荔枝剥壳去核，如图 1.24 所示，可根据个人需要用淡盐水浸泡 15 min 去火，如图 1.25 所示。

图 1.24　剥壳去核　　　　　　　　　　图 1.25　淡盐水浸泡

　　（2）水煮沸后加入荔枝和冰糖，比例为 10∶1，可根据个人口味调整，煮至荔枝浮起关火，如图 1.26 所示，注意不要用铁锅煮，注意用火安全，防止烫伤。
　　（3）当荔枝冷却后，将它装入无油、无盐、消毒、密封的玻璃瓶，如图 1.27 所示，之后倒置一下，然后放入冰箱，最多可冷藏 3 个月。

图 1.26　煮荔枝　　　　　　　　　　　图 1.27　装瓶

想一想

1．如何在不碰到荔枝果肉下将荔枝剥壳去核？
2．密封玻璃瓶为什么要消毒？怎样进行消毒？

温馨提示

1．食品制作过程所有用具与环境必须消毒，达到国家食品加工安全要求。
2．自制荔枝罐头若密封条件不好，容易滋生细菌，若出现霉菌或变质，请勿食用。
3．自制荔枝罐头容易变质，保质期最多 3 个月，开封后请尽快食用。
4．荔枝罐头糖分较高，糖尿病患者禁止食用。

成果展示

制作成功的荔枝罐头如图 1.27 所示。你可以让身边的亲戚、朋友、老师、同学来品尝，也可以拍成 DV 发到朋友圈分享，让更多的人分享你的成果。

思维拓展

第三节介绍了荔枝酒的酿制，本节介绍了荔枝罐头的制作，除上述方法外，还可以从哪些方面进行创新？如图 1.28 所示。

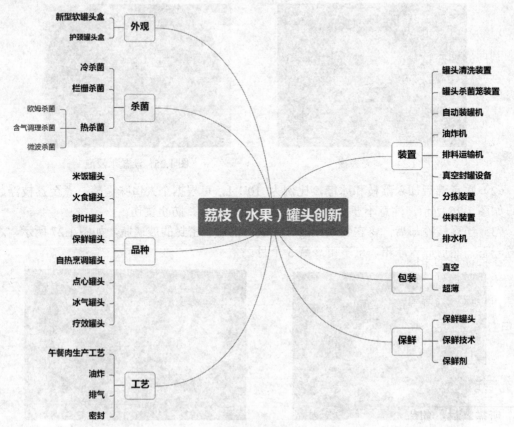

图 1.28　荔枝罐头创新思路示意图

想创就创

广东省农业科学院蚕业与农产品加工研究所、广东宝桑园健康食品有限公司的温靖、徐玉娟、林羡、陈卫东、吴继军、张友胜、余元善、陈于陇、傅曼琴等人发明了一种适宜罐头加工的荔枝品质的测定和评价方法，其获得国家专利：ZL201410139149.8。

本发明公开了一种适宜罐头加工的荔枝品质的测定和评价方法。该方法只需测定待测荔枝样品的总酸度、脆度和色差 a_0 值，将测定值代入公式 $Y=-2.471-8.319×总酸度-0.445×a_0$ 值+0.080×脆度。若 $Y \geqslant -1.55$，则该待测荔枝适宜加工成罐头；若 $-4.29 < Y < -1.55$，则该待测荔枝基本适宜加工成罐头；若 $Y \leqslant -4.29$，则该待测荔枝不适宜加工成罐头。本发明利用科学方法对荔枝罐头加工进行研究，建立了评价方法，有利于确定适宜罐头加工的荔枝专用品种，促进农产品加工业的健康快速发展，也可为荔枝育种、原料基地建立、农民种植结构调整提供重要依据。

请大家下载该专利技术方案并认真阅读，找出它的创意和创新点，然后想想有什么启发。请结合荔枝罐头的制作方法，尝试用别的水果制作水果罐头。

第五节　果醋的制作

知识链接

果醋是以水果，包括山楂、桑葚、葡萄、猕猴桃、苹果等为主要原料，利用现代生物技术酿制而成的一种营养丰富、风味优良的酸味调味品。它兼有水果和食醋的营养保健功能，是集营养、保健、食疗等功能为一体的新型饮料。科学研究发现，果醋能促进身体的新陈代谢，调节酸碱平衡，消除疲劳，含有十种以上的有机酸和人体所需的多种氨基酸。

葡萄醋的酿制原理是：成熟的葡萄皮含有大量的酵母菌和一定数量的醋酸菌，而葡萄汁中含有较多的可溶性糖。在无氧条件下，酵母菌可利用果汁中的糖发酵成酒精，然后醋酸菌在有氧条件下把酒精转变为醋酸。

果醋含有十种以上的有机酸和人体所需的多种氨基酸。醋的种类不同，有机酸的含量也各不相同。醋酸等有机酸有助于人体三羧酸循环的正常进行，从而使有氧代谢顺畅，有利于清除沉积的乳酸，起到消除疲劳的作用。经过长时间劳动和剧烈运动后，人体内会产生大量乳酸，使人感觉疲劳，如果在此时补充果醋，能促进代谢功能恢复，从而消除疲劳。

不同品种的果醋有不同的功效，例如苹果醋、柿子醋可以降三高、软化血管，山楂醋可以消肉积、益智，红枣醋可以补气血，桑葚醋可以乌发补肾，玫瑰花醋可以疏肝解郁，洋槐花醋可以保肝，等等，还有很多品种的花果醋都是健康的有机饮品。

项目任务

掌握果醋酿制的基本操作步骤。控制发酵条件，先酿果酒，再酿果醋。

探究活动

所需器材： 葡萄300 g、白砂糖50 g、1 g醋酸菌、发酵瓶、纱布、橡皮筋、榨汁机、盆、剪刀、筛子。

探究步骤

（1）将榨汁机清洗干净后，用开水烫一下，晾干；将发酵瓶清洗干净后，在锅中煮沸 5 min 消毒，如图 1.29 所示；将瓶盖用开水烫一下，晾干，如图 1.30 所示。

图 1.29　将发酵瓶消毒　　　　　　　　　图 1.30　将发酵瓶晾干

（2）把葡萄整串冲洗干净，去除损坏果皮的葡萄，用剪刀除去枝梗，如图 1.31 所示；然后通风晾干，如图 1.32 所示。

图 1.31　剪去葡萄枝梗　　　　　　　　　图 1.32　将葡萄晾干

（3）把去梗葡萄放入榨汁机中搅碎，如图 1.33 所示；然后将葡萄倒入盆中，放入 50 g 白砂糖（根据个人口味可适当加白砂糖），如图 1.34 所示；再搅拌均匀，如图 1.35 所示。

图 1.33　将葡萄放入榨汁机中　　　　　　图 1.34　在葡萄汁中加入白糖

（4）白砂糖完全融化后，将葡萄汁装入洗干净、经过消毒的发酵瓶里，装至 2/3，如图 1.36 所示。

（5）将瓶盖拧紧，密封保存，如图 1.37 所示；然后放在 18～25℃的温度下发酵，夏天可放在空调房中，如图 1.38 所示。在发酵过程中，每隔 12 h 左右将瓶盖拧松一次（不要打开瓶盖），放出一些 CO_2，再将瓶盖拧紧。

图 1.35　搅拌

图 1.36　将葡萄汁装入发酵瓶

图 1.37　将瓶盖拧紧

图 1.38　发酵

（6）发酵 7～10 天后，当瓶中不再产生明显气泡时，打开瓶盖后可闻到一股酒味，即葡萄酒酿制成功。可用纱布将葡萄酒过滤出来，如图 1.39 所示；获得酿好的葡萄酒，然后加入与葡萄酒等量的凉开水稀释，如图 1.40 所示。

图 1.39　过滤葡萄酒

图 1.40　加水稀释

（7）将葡萄酒和水混合后的溶液加入发酵瓶中，将瓶盖打开进行通气，加入 1 g 醋酸菌，搅拌均匀，如图 1.41 所示；然后在瓶口盖上一层纱布，用橡皮筋将纱布固定，如图 1.42 所示。进行葡萄醋的酿制，温度控制在 30～35℃，时间控制在 7～8 天。

图 1.41　加入醋酸菌

图 1.42　盖上纱布

（8）利用纱布进一步过滤食醋，分离渣滓，如图 1.43 所示。然后将食醋装入瓶中，瓶口裹上一层保鲜膜，防止醋酸挥发；再煮沸杀菌 20 min，如图 1.44 所示，葡萄醋就制作好了。饮用时请稀释 3～4 倍。

图 1.43　过滤葡萄醋

图 1.44　煮沸杀菌

想一想

1．为什么要先酿果酒，再酿果醋？酿酒与酿醋的过程有何异同点？

2．为防止杂菌污染，在操作过程中应注意什么？

温馨提示

1．发酵过程注意偶尔要排气，防治酒瓶爆裂。

2．食品制作过程所有用具与环境必须消毒，达到国家食品加工安全要求。

3．酿制的果醋应煮沸杀菌后再饮用，如酿制过程中出现发霉的现象及除酒和醋以外的臭味，应立即丢弃，不可食用。

成果展示

在发酵瓶中加入醋酸菌 7～8 天之后，将滤得的果汁倒入杯中，加入蜂蜜调匀即可品尝饮用，是一种酸甜可口的味道，此时，证明你的葡萄果醋制作成功了。同学们也可以让身边的亲戚、朋友、老师、同学来品尝，分享你的成果。你也可以拍成 DV 发到朋友圈、学校分享平台，让更多的人分享你的成果，如图 1.45 所示。

图 1.45　酿好的葡萄醋

思维拓展

如果家里没有醋酸菌，还可以使用米醋。同学们快利用米醋，添加自己喜欢的水果，根据自己的口味加入适量的糖，酿制出具有特色的果醋吧！从材质品种、颜色、工艺等方面出发，可以创制不同的果醋，如图 1.46 所示。

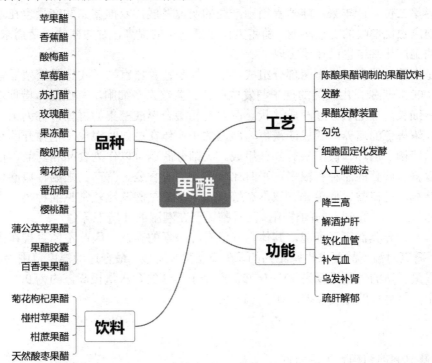

图 1.46　果醋创新思路示意图

想创就创

华坪县星火农贸有限公司的吴朝顺发明了一种杧果醋、杧果醋饮料及其制备方法，其获得国家专利：ZL201610044307.0。

本发明提供了一种杧果醋、杧果醋饮料及其制备方法，包括以下步骤：将杧果洗净、去皮、加水、打浆、过滤，得到杧果原浆；在杧果原浆中加入水和果胶酶进行活化分解，然后依次进行光合细菌发酵、酵母菌发酵和醋酸发酵，得到杧果醋。杧果醋饮料包括：杧果醋 15～18 份，纯净水 70～75 份，杧果浓缩汁 10～12 份。本发明提供的杧果醋的制备方法，所选来自北纬 30°以外的优质菌种，依次发酵并严格控制发酵的条件，发酵充分。该杧果醋富含醋酸、果酸、烟酸等多种有机酸，其 pH 在 3.5～4.0，适宜饮用。本发明提供的杧果醋饮料，改善了杧果醋单一的酸味，具有酸甜可口、营养美味等优点，适宜饮用。

请大家下载该专利技术方案并认真阅读，说出它的创意和创新点，然后想想有什么启发。模仿以上专利技术创新方法，自己在家制作酸梅醋，大家快去尝试一下吧！

第六节　蘑菇的种植

知识链接

蘑菇称为双孢蘑菇，又叫作白蘑菇、洋蘑菇，隶属于伞菌目，伞菌科，蘑菇属，是世界上人工栽培较广泛、产量较高、消费量较大的食用菌品种，很多国家都有栽培，其中我国总产量占世界第二位。近年来，随着食用菌产业的快速发展，双孢蘑菇的产量也在逐年增加，成为许多地区农民增收的支柱产业。随着人民生活水平的提高，对蘑菇的消费需求不断增加，双孢蘑菇的工厂化栽培也已开始实现。

蘑菇是由菌丝体和子实体两部分组成，菌丝体是营养器官，子实体是繁殖器官。蘑菇具有多达 36 000 种性别，由成熟的孢子萌发成菌丝。菌丝为多细胞，有横隔，借顶端生长而伸长，白色，细长，棉毛状，逐渐成丝状。菌丝互相缀合形成密集的群体，称为菌丝体。菌丝体腐生后，浓褐色的培养料变成淡褐色。蘑菇的子实体在成熟时很像一把撑开的小伞。由菌盖、菌柄、菌褶、菌环、假菌根等部分组成。大部分蘑菇可以作为食品和药品，但毒蘑菇会对人造成危害。蘑菇的品种有很多，平时比较常见的有香菇、草菇、姬菇、口蘑、红菇、黑平菇、金针菇、松口蘑、猴头菇、双孢菇等，这十种都是蘑菇比较常见的种类，当中蕴含着不同的营养价值，可起到不同的作用，而且都需要在潮湿的环境下养殖。

蘑菇是一种异养需氧型真菌，其体内并没有叶绿素的存在，因此不能直接在光照下进行光合作用。蘑菇对温度的要求也是不同的。在菌丝生长阶段，最合适的温度范围为 18~20℃，子实体阶段最合适的生长温度为 12~16℃。蘑菇子实体的含水量极高，约为 90%，在蘑菇的实际栽培中，培养料的湿度应控制在 55%~60%。

项目任务

1. 了解真菌的结构和生活习性。
2. 掌握蘑菇的基本种植步骤。

探究活动

所需器材：广口花盆、喷水的喷壶一个、纸巾若干、蘑菇菌包。

探究步骤

（1）将菌包封口处的纸撕掉，放在广口花盆中，放置于通风阴凉处，不可见阳光。

（2）在花盆上盖上纸巾，对着纸巾喷水，早晚各一次，保持纸巾湿润，不可过湿，如图 1.47 所示。

（3）蘑菇长出后去掉纸巾，每天勤喷水，如图 1.48 所示。

图 1.47　花盆上盖纸巾

图 1.48　长出的蘑菇

（4）当蘑菇饱满时，即可采摘，如图 1.49 所示。

图 1.49　蘑菇

想一想

1．为什么蘑菇要放在通风阴凉处？
2．如何促进二次出菇？

温馨提示

1．要选择从具有相应资质的供种单位购买菌种，应购买无毒的可食用菌。
2．应咨询所购菌种的种类、品种、储藏条件、保质期、培养方法等。
3．正常的菌种应具有该菌种的特殊香味，若有霉味、酸味、臭味或其他异味的菌种均属不正常范围，说明该菌种已被其他杂菌感染，应丢弃，勿用于出菇，以免误食。

成果展示

种植成功的蘑菇如图 1.50 所示。此时，你可以让身边的亲戚、朋友、老师、同学来品尝，也可以拍成 DV 发到朋友圈、学校分享平台，让更多的人分享你的成果。

图 1.50　蘑菇

思维拓展

蘑菇含有丰富的营养物质，还味道鲜美，清炒和煮汤都不错。从蘑菇种植成功的过程来看，证实蘑菇可以在家庭阳台或室内种植。从蘑菇种植出发，还可以从哪些方面进行探究创新？请大家以图 1.51 所示的蘑菇种植创新思路示意图拓展自己的创新思路，尝试一下种植你喜欢的蘑菇种类。

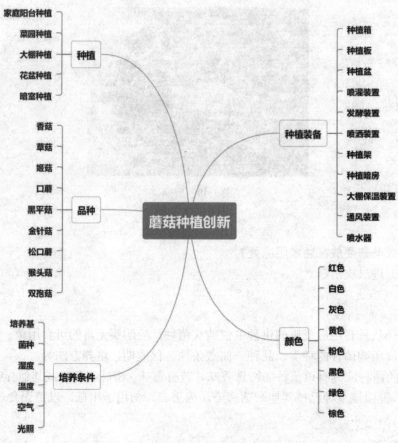

图 1.51　蘑菇种植创新思路示意图

想创就创

郑锋发明了一种适合家庭种植蘑菇的花盆，其获得国家专利：ZL202022310300.3。

这种适合家庭种植蘑菇的花盆包括：① 花盆本体，在花盆本体的上部外周套设有一储水盆，该储水盆的顶部高于花盆本体的顶部，该储水盆的底壁低于花盆本体的顶部，且在储水盆的内周和花盆本体的外周之间形成了储水区；② 罩体，该罩体罩设在花盆本体和储水盆的顶部，罩体的内壁与储水盆的顶部接触，并在罩体的底部和花盆本体的顶部之间形成了便于蘑菇生长的生长空间，且在罩体上设置有若干与生长空间连通的通气口。这种新型花盆便于在家中种植蘑菇使用，降低蘑菇种植爱好者在培育蘑菇过程中的负担。

请大家下载该专利技术方案并认真阅读，说出它的创意和创新点，然后想想有什么启发。模仿以上专利技术创新方法，种植你喜欢的蘑菇种类，并用来制作出美味菜肴。

第七节　酸奶的制作

知识链接

酸奶是一种酸甜口味的牛奶饮品，是以牛奶为原料，经过巴氏杀菌后再向牛奶中添加有益菌（发酵剂），经发酵后，再冷却灌装的一种牛奶制品。市场上酸奶制品多以凝固型、搅拌型和添加各种果汁、果酱等辅料的果味型为多，如图 1.52 所示。酸奶是由鲜牛奶发酵而成的，富含蛋白质、钙和维生素。尤其对那些因乳糖不耐受而无法享用牛奶的人来说，酸奶是个很好的选择。与鲜牛奶相比，酸奶不但具有鲜牛奶的全部营养素，而且酸奶能使蛋白质结成细微的乳块，乳酸和钙结合生成的乳酸钙，更容易被消化吸收。另外，酸奶还具有促进消化、维护肠道菌群生态平衡和增强免疫力等功效。

图 1.52 酸奶与牛奶

历史证据显示，酸奶作为食品至少有 4500 多年的历史了，最早期的酸奶可能是游牧民族装在羊皮袋里的奶受到依附在袋的细菌自然发酵，而成为奶酪。公元前 2000 多年前，在希腊东北部和保加利亚地区生息的古代色雷斯人也掌握了酸奶的制作技术。他们最初使用的也是羊奶。后来，酸奶技术被古希腊人传到了欧洲的其他地方。

优素甫·哈斯·哈吉甫撰写的《福乐智慧》中记载了土耳其人在中世纪就食用了酸奶。这部书提到了"yogurt"这个词，并详细记录了游牧的土耳其人使用酸奶的方法。欧洲有关酸奶的第一个记载源自法国的临床历史记录：弗朗西斯一世患上了一场严重的痢疾，当时的法国医生都束手无策，盟国的苏莱曼一世给他派了一个医生，这个医生宣称用酸奶治好了病人。直到 20 世纪，酸奶才逐渐成为南亚、中亚、西亚、欧洲东南部和中欧地区的食物材料。

酸奶的制作工艺可概括为配料、预热、均质、杀菌、冷却、接种、灌装（用于凝固型酸奶）、发酵、冷却、搅拌（用于搅拌型酸奶）、包装和后熟等几道工序，变性淀粉在配料阶段添加，其应用效果的好坏与工艺的控制有密切关系。

（1）配料：根据物料平衡表选取所需原料，如鲜奶、砂糖和稳定剂等。变性淀粉可以在配料时单独添加，也可以与其他食品胶类干混后再添加。考虑到淀粉和食品胶类大多为亲水性很强的高分子物质，混合添加时最好与适量砂糖拌匀，在高速搅拌状态下溶解于热奶（55～65℃，具体温度的选择视变性淀粉的使用说明而定），以提高其分散性。

（2）预热：预热的目的在于提高下道工序——均质的效率，预热温度的选择以不高于淀粉的糊化温度为宜（避免淀粉糊化后在均质过程中颗粒结构被破坏）。

（3）均质：是指对乳脂肪球进行机械处理，使它们呈较小的脂肪球均匀一致地分散在乳中。在均质阶段，物料受到剪切、碰撞和空穴三种效应的力。变性淀粉由于经过交联变性，耐机械剪切能力较强，可以保持完整的颗粒结构，有利于维持酸奶的黏度和体态。

（4）杀菌：一般采用巴氏杀菌，乳品厂普遍采用 95℃、300 s 的杀菌工艺，变性淀粉在此阶段充分膨胀并糊化，形成黏度。

（5）冷却、接种和发酵：变性淀粉是一类高分子物质，与原淀粉相比，仍然保留一部分原淀粉的性质，即多糖的性质。在酸奶的 pH 值环境下，淀粉不会被菌种利用降解，所以能够维持体系的稳定。当发酵体系的 pH 值降至酪蛋白的等电点时，酪蛋白变性凝固，生成酪蛋白微胶粒与水相连的三维网状体系骨架成凝乳状，此时糊化了的淀粉可以充填骨架之中，束缚游离水分，维护体系的稳定性。

（6）冷却、搅拌和后熟：搅拌型酸奶冷却的目的是快速抑制微生物的生长和酶的活性，主要是防止发酵过程产酸过度及搅拌时脱水。变性淀粉由于原料来源较多，变性程度不同，不同的变性淀粉应用于酸奶制作中的效果也不相同。因此可以根据对酸奶品质的不同需求提供相应的变性淀粉。

除上述做法外，还可以将乳酸菌接入牛奶，采用恒温发酵法，通过乳酸菌发酵牛奶中的乳糖产生乳酸，乳酸使牛奶中的酪蛋白变性凝固，从而使整个奶液呈凝乳状态。

项目任务

掌握酸奶制作的原理、基本操作步骤，分析影响酸奶品质的条件。

探究活动

所需器材： 纯牛奶 250 mL、酸奶 40 mL、白砂糖 30 g、电饭锅、电磁炉、碗、勺子。

探究步骤

（1）往纯牛奶中加入 30 g 白砂糖，煮沸 10～15 min 后稍加冷却至 42℃ 左右，可用手摸碗外不烫手为宜，如图 1.53 和图 1.54 所示。

图 1.53　往牛奶中加入白糖　　　　　　　图 1.54　煮沸

（2）将酸奶倒入已冷却好的牛奶中（牛奶和酸奶的比例为 6∶1），充分搅拌，如图 1.55 和图 1.56 所示。

图 1.55　酸奶倒入牛奶　　　　　　　图 1.56　搅拌

（3）将热水加入电饭锅中，冷却到 40℃ 左右，将装有牛奶和酸奶混合液的容器放入电饭锅中，电饭锅选择保温档，发酵时间 8～12 h，如图 1.57 和图 1.58 所示。

图 1.57 牛奶和酸奶混合液放入电饭锅

图 1.58 保温

（4）发酵好的酸奶凝结成"豆腐花"状，如图 1.59 所示。

图 1.59 制作好的酸奶

想一想

1．为什么添加抗生素的牛奶不宜用作制作酸奶？
2．为什么与酸奶混合前，煮沸的牛奶需要先冷却？

温馨提示

1．食品制作过程所有用具与环境必须消毒，达到国家食品加工安全要求。
2．食材必须选择合格商品。
3．制作的酸奶应该是酸甜口味，如出现长霉菌以及发臭的情况，是腐败变质了，应丢弃，请勿食用。

成果展示

经过 8～12 h 发酵的牛奶和酸奶混合液凝结成"豆腐花"状的酸奶，证明你的酸奶制作成功了。夏天的时候，放入冰箱冷藏下，酸奶香味纯正，口感极佳。此时，你可以让身边的亲戚、朋友、老师、同学来品尝，也可以拍成 DV 发到朋友圈、学校分享平台，让更多的人分享你的成果。

思维拓展

除了用牛奶和酸奶混合的方法制作酸奶，还可以购买乳酸菌种，但要注意使菌种充分溶解在牛奶中，也可以从图 1.60 所示的思维导图拓展自己的创新思路。

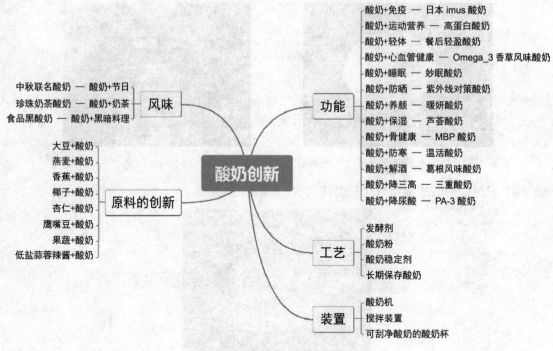

图 1.60　酸奶创新思路示意图

想创就创

青岛海尔股份有限公司的刘明勇、张维颖、俞国新、丁恩伟、薛建军、王志伟、于雪梅等人发明了一种酸奶发酵装置、冰箱及酸奶发酵方法，国家专利号为：ZL201410180548.9。

本发明提供了一种酸奶发酵装置，包括外壳、由外壳围设形成的发酵室以及加热装置，发酵室内设有温度传感器、供盛放内容物的酸奶杯，酸奶杯的底部设有测量酸奶杯内的内容物的质量传感器，发酵装置还包括调控器以调节加热装置在预设的时间内达到预设的发酵温度并保持该发酵温度。采用该酸奶发酵装置的酸奶发酵方法，利用温度传感器和质量传感器测量鲜奶的温度和质量，通过调控器根据温度信号和质量信号控制加热装置，使得任何质量和温度的鲜奶均可以在预设的时间内达到预设的发酵温度，从而使得酸奶发酵前的升温过程可控，能够使鲜奶的温度迅速升温到发酵温度，遏制了有害菌在温度上升过程中的生长，因此可以提高酸奶的品质。

请大家下载该专利技术方案并认真阅读，说出它的创意和创新点，然后想想有什么启发。模仿以上专利技术创新方法，自己在家制作酸奶。

本章学习评价

一、选择题

1. 下列关于果酒和果醋制作的叙述，不正确的是（　　　）。

　　A．参与发酵的微生物都含有线粒体

B. 发酵过程中培养液 pH 值都会下降

C. 制作果酒时瓶口需要密闭，而制作果醋时需要通入氧气

D. 果酒制成后，可将装置移至温度略高的环境中制果醋

2. 我国的酿酒历史悠久，古人在实际生产中积累了很多经验。《齐民要术》记载：将蒸熟的米和酒曲混合前需"浸曲发，如鱼眼汤，净淘米八斗，炊作饭，舒令极冷"。意思是，将酒曲浸到活化，冒出鱼眼大小的气泡，把八斗米淘净，蒸熟，摊开冷透。下列说法错误的是（　　）。

A. "浸曲发"过程中，酒曲中的微生物代谢加快

B. "鱼眼汤"现象是生物代谢产生的二氧化碳从溶液中溢出导致的

C. "净淘米"是为消除杂菌对酿酒过程的影响而采取的主要措施

D. "舒令极冷"的目的是防止蒸熟的米温度过高导致酒曲中的微生物死亡

3. 豆豉是大豆经过发酵制成的一种食品。为了研究影响豆豉发酵效果的因素，某小组将等量的甲、乙两菌种分别接入等量的 A、B 两桶煮熟的大豆中并混匀，再将两者置于适宜条件下进行发酵，并定期取样观测发酵效果。以下推测不合理的是（　　）。

A. 该实验的自变量是菌种，温度属于无关变量

B. 大豆发酵过程中部分蛋白质转变为小分子的肽，形成豆豉的独特风味

C. 若容器内上层大豆发酵效果优于底层，则发酵菌为厌氧菌

D. 煮熟大豆使蛋白质变性，有利于菌体分泌酶作用于蛋白质

4. 下列说法中，正确的是（　　）。

A. 食用菌就是蘑菇

B. 食用菌是能供食用的微生物

C. 食用菌是可供食用的大型真菌的总称

D. 食用菌是可供食用的大型伞菌的总称

二、非选择题

1. 请回答与"果酒和果醋制作"实验有关的问题：

挑选优质葡萄 → 清洗 → 榨汁 → 接种菌种 → 酒精发酵 → 接种菌种 → 醋酸发酵

（1）葡萄汁放入发酵瓶中，装量不要超过＿＿＿＿＿＿＿。

（2）为缩短制作果醋的周期，下列选项中采取的措施无效的是＿＿＿＿＿＿＿。

A. 用果酒为原料　　　　B. 增加醋酸菌的数量

C. 控制适宜的发酵温度　　D. 发酵阶段封闭充气口

2. 陈醋是我国发明的传统调味品之一，酿制及食用已有 3000 多年历史。陈醋的生产工艺流程如图 1.61 所示。

淀粉类原料葡萄糖 →酒精发酵→ 成熟酒醅 →醋酸发酵→ 成熟醋醅成品醋

图 1.61　陈醋的生产工艺流程

（1）在糖化阶段添加＿＿＿＿＿＿＿酶制剂需要控制反应温度，这是因为＿＿＿＿＿＿＿

＿＿＿＿＿＿＿。

（2）在酒精发酵阶段，技术员定时抽取发酵液，向发酵液中滴加酸性重铬酸钾溶液，以是否呈现_____色来判断是否有酒精产生，若要使检验的结果更有说服力，应该_____。

（3）利用醋酸菌获得醋酸的条件有两种情况：一是在_____时，将糖分解成醋酸；二是在氧气充足、糖源不充足时，利用酒精生成醋酸。

（4）研究表明，在陈醋的酿造过程中，起主导作用的是醋酸菌，而乳酸菌也存在于醋醅中，其代谢产生的乳酸含量的高低是影响陈醋风味的重要因素。成熟醋醅中乳酸菌的种类明显减少，主要原因是：发酵后期_____（至少写出两种）等环境因素的变化，_____，淘汰了部分乳酸菌种类。

3．简述香菇代料栽培的工艺流程。

4．（2021·河北高考真题）葡萄酒生产过程中会产生大量的酿酒残渣（皮渣）。目前这些皮渣主要用作饲料或肥料，同时研究者也采取了多种措施拓展其利用价值。

回答下列问题：

（1）皮渣中含有较多的天然食用色素花色苷，可用萃取法提取。萃取前将原料干燥、粉碎的目的分别是_____，萃取效率主要取决于萃取剂的_____。萃取过程需要在适宜温度下进行，温度过高会导致花色苷_____。研究发现，萃取时辅以纤维素酶、果胶酶处理可提高花色苷的提取率，原因是_____。

（2）为了解皮渣中微生物的数量，取 10 g 皮渣加入 90 mL 无菌水，混匀、静置后取上清液，用稀释涂布平板法将 0.1 mL 稀释液接种于培养基上。10^4 倍稀释对应的三个平板中菌落数量分别为 78、91 和 95，则每克皮渣中微生物数量为_____个。

（3）皮渣堆积会积累醋酸菌，可从中筛选优良菌株。制备醋酸菌初筛平板时，需要将培养基的 pH 值调至_____性，灭菌后须在未凝固的培养基中加入无菌碳酸钙粉末，充分混匀后倒平板，加入碳酸钙的目的是_____。培养筛选得到的醋酸菌时，在缺少糖源的液体培养基中可加入乙醇作为_____。

（4）皮渣堆积过程中也会积累某些兼性厌氧型乳酸菌。初筛醋酸菌时，乳酸菌有可能混入其中，且两者菌落形态相似。请设计一个简单实验，区分筛选平板上的醋酸菌和乳酸菌。

_____

_____

_____。（简要写出实验步骤和预期结果）

第二章　厨房生物学

几千年来，中国各族劳动人民不仅在干藏、腌藏、窖藏等食品保藏技术上积累了丰富的经验，而且在厨房食品生产和烹调工艺方面也有许多独到的创造，至今在世界上享有很高的声誉。近年来，发酵、酶等生物工程技术促进了厨房食品新材料和新技术的发展，大大提高了厨房食品原料的利用效率，为厨房食品工程的飞速发展奠定了良好的基础。厨房生物制造已经成为未来社会可持续发展的重要途径。

本章将通过常见的馒头、泡菜、腐乳、剁辣椒、水晶粽、马蹄糕、姜撞奶、山楂球、杜果干、甜橄榄等厨房食品项目制作过程的学习，让创客们实践干藏、腌藏、窖藏等厨房食品保藏技术，掌握厨房食品加工创新方法。以 STEM 教育理念为指导，开展项目学习，让创客们体验厨房生物学研究和创造的乐趣，培养创客们的批判性思维、技术思维、工程思维与发散思维，从而提高创客们的工程设计能力。

本章主要项目

- ➢ 花样馒头的制作
- ➢ 泡菜的制作
- ➢ 腐乳的制作
- ➢ 剁辣椒的制作
- ➢ 水晶粽的制作
- ➢ 马蹄糕的制作
- ➢ 姜撞奶的制作
- ➢ 山楂球的制作
- ➢ 杜果干的制作
- ➢ 甜橄榄的制作

第一节　花样馒头的制作

知识链接

馒头，古称"蛮头"，别称"馍""馍馍""蒸馍"，为"包子"的本称，是中国传统面食之一，是一种用发酵的面蒸成的食品。馒头以小麦面粉为主要原料，是中国人日常主食之一。馒头起源于野蛮时代的人头祭，传为诸葛亮南征孟获时所发明，形状为人头形，之后随着历史的发展演变，逐渐改为禽肉馅。中国人吃馒头的历史至少可追溯到战国时期，彼时称为"蒸饼"。三国时，馒头有了自己正式的名称，谓之"蛮头"，明人郎瑛在《七修类稿》记："馒头本名蛮头，蛮地以人头祭神，诸葛之征孟获，命以面包肉为人头以祭，谓之'蛮头'，今讹而为馒头也。""馒头"一词最早单指含馅的馒头，今北方人多称其为"包子"，"包子"一词始于宋代，"包子"和"馒头"的称谓到清代才渐渐分化。而吴语区等地仍保留古称，将含馅者唤作"馒头"，如"生煎馒头""蟹粉馒头"等。

馒头是中国最典型的发酵面团蒸制食品，被誉为古代中华面食文化的象征，现代人常把它同西方的面包相媲美。中国主食馒头基本上是以面粉、酵母、水为原料制得的，有时也加少量的盐和糖，或加入粗粮、蔬菜等制成各种颜色和形状的花样馒头。馒头看似制作简单，实质要做成优质馒头要注意面粉的种类、酵母的种类和量、发酵的温度、氧气、和面的时间和发酵的时间等。

馒头的发酵方法很多，有老面发酵法、酒曲发酵法、化学膨松剂发酵法、酵母发酵法等。实验证明，无论从食品营养的角度，还是从操作的角度，酵母发面都有很强的优势。馒头适合家庭和工业化生产线，也适合小型作坊式馒头房。馒头里面都有一个个的小孔，都很松软，是因为发面时加入酵母菌。酵母菌是兼性厌氧型生物，即在有氧气的条件下可进行有氧呼吸，产生二氧化碳和水，在无氧的条件下，进行无氧呼吸，产生二氧化碳和酒精。馒头的制作原理是利用酵母的发酵，酵母菌利用面粉中的糖分与其他营养物质，在适宜的生长条件下繁殖，产生大量的二氧化碳气体，使面团膨胀成海绵状结构。

发酵好的面团因受热而膨胀，面团也逐渐变得更大。加热到一定温度之后，淀粉发生糊化，蛋白质发生变性，面筋蛋白就会被固定住，形成光滑的表皮。

项目任务

1. 了解酵母菌发酵的原理和应用。
2. 掌握做馒头的步骤。
3. 尝试发挥自己的创意，制作各种形状和颜色的馒头。

探究活动

所需器材：蒸锅、面板、面盆、200 g 小麦面粉、1 g 活性干酵母粉、水、白砂糖、菠菜汁。

探究步骤

（1）和面：将 1 g 活性干酵母粉放入少许 35℃左右温水中溶解成溶液后倒入 200 g 面粉中，再加入 100 mL 左右的温水（35℃左右）或者菠菜汁（菠菜用榨汁机榨汁），如图 2.1 所示。将其充分地与面粉揉成光滑的面团，即"三光"面团，不粘手，有弹性，表面光滑，如图 2.2 所示。

图 2.1　加蔬菜汁　　　　　　　　图 2.2　和面

（2）发酵：将和好的面团用一块略为湿润的纱布或保鲜膜盖起来，放置于温暖处（30～36℃）发酵 40～60 min（室温发酵时间要延长），当面团发酵至未发酵前体积的两倍大时即可，如图 2.3 所示。

（3）调粉、揉面、整形：将发酵好的面团再重揉一次，案板上撒适量的面粉，将面团放置案板上揉成长条形，可横切一刀，如果没有明显的气泡，则证明面揉好了，做成各种形状的馒头，如图 2.4 所示。

图 2.3　发酵后的面团

图 2.4　整形

（4）醒发：整形后盖上湿布醒发，家中醒发时间冬天约为 30 min，夏天约为 15～20 min。醒发程度可用手指轻按馒头生坯，有弹性即可。

（5）蒸制：锅内放入凉水，再在笼屉上铺好打湿的屉布或馒头底部刷点油防止粘锅，大火烧开之后，将馒头生坯依次放入笼屉内，馒头与馒头之间隔 1.5～2 cm 的空隙，如图 2.5 和图 2.6 所示。盖上锅盖，大火蒸 10～20 min 即可。停火 3 min 以后取出馒头凉凉，不要在锅里焖着。

图 2.5　馒头摆放入笼屉

图 2.6　馒头摆放入笼屉

想一想

1．面团中的气孔是酵母菌进行有氧呼吸产生的二氧化碳，还是无氧呼吸产生的二氧化碳？

2．为什么要停火 3 min 以后再取出馒头？

温馨提示

1．食品制作过程所用具与环境必须消毒，达到国家食品加工安全要求。

2．食材必须选择合格商品。

3．馒头制作过程注意用刀用火安全，例如使用煤气灶进行蒸煮，请全程戴防烫手套，防止烫伤。

4．在专业人士指导下使用。

成果展示

制作成功的花样馒头如图 2.7 所示。此时，你可以让身边的亲戚、朋友、老师、同学来品尝，也可以拍成 DV 发到朋友圈、学校分享平台，让更多的人分享你的成果。

图 2.7　花样馒头

思维拓展

从本项目研究出发，除做花样馒头之外，还可以探究温度、通气量、和面时间对酵母菌发酵的影响，也可以从图 2.8 所示的思维创新思路示意图拓展自己的创新思路。

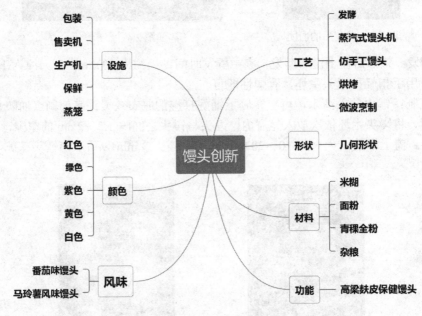

图 2.8　馒头创新思路示意图

想创就创

山东海波海洋生物科技股份有限公司的吴咏翰发明了一种馒头的制作方法，其获得国家专利：ZL201811016462.7。本发明涉及一种馒头的制作方法，包括如下步骤：① 备料：制取生馒头本体和呈流体状的调味物料；② 采用注液装置将调味物料注入生馒头本体获得生馒头；③ 对生馒头表面按揉，直至注入孔消失；④ 将生馒头蒸熟。注液装置包括台面和支架，还包括固定于支架上的注料机构、设于台面上的升降机构，升降机构上设有木模。注料机构包括筒体、活塞杆、与筒体螺纹连接的筒体上盖及筒体下盖，筒体下盖上设有多个空心插杆，空心插杆的上端与筒体内连通，空心插杆的下端设有插头，插头包括三个可开合的卡片。

请大家下载该专利技术方案并认真阅读，说出它的创意和创新点，然后想想有什么启发。模仿以上专利技术创新方法，尝试做牛奶馒头。

第二节　泡菜的制作

知识链接

泡菜，古称菹，是指为了利于长时间存放而经过发酵的蔬菜。一般来说，只要是纤维丰富的蔬菜或水果，都可以被制成泡菜，如卷心菜、大白菜、红萝卜、白萝卜、大蒜、青葱、小黄瓜、洋葱等。蔬菜在经过腌渍及调味之后，有种特殊的风味，很多人会当作一种常见的配菜食用。所以，现代人在食材取得无虞的生活环境中，还是会制作泡菜。

世界各地都有泡菜的影子，风味也因各地做法不同而有异，其中涪陵榨菜、法国酸黄瓜、德国甜酸甘蓝并称为世界三大泡菜。已制妥的泡菜有丰富的乳酸菌，可帮助消化。但是制作泡菜有一定的规则，如不能碰到生水或油，否则容易腐败，等等。若是误食遭到污染的泡菜，容易拉肚子或食物中毒。

泡菜制作主要是利用乳酸菌的发酵作用，在缺氧条件下产生大量乳酸，酸性条件又会抑制其他杂菌的生长，从而达到保藏蔬菜，同时改进蔬菜风味的作用。

"泡菜理论"，即泡菜的味道决定于泡汤，泡水好，无论是白菜、萝卜、黄瓜，还是其他菜，泡出的味道都好，否则，结果相反。从哲学的观点出发，外因对事物的变化起着极大的作用，但是不能无限地夸张外因的作用，内因仍然是变化的根本。所以，人是有个性的，在同样的环境中还是有不同的人。

项目任务

掌握泡菜制作的原理、基本操作步骤，分析影响泡菜品质的条件。

探究活动

所需器材：蒜头、生姜、白萝卜、胡萝卜、包菜、豆角、八角、花椒、盐、酸坛、砧板、菜刀、不锈钢盆。

探究步骤

（1）用热水将整个罐体烫一遍消毒，如图 2.9 所示。注意消毒这一步骤很重要，很多人做出的泡菜味道不对，原因就在于此。

（2）将瓶口斜向下放置，将瓶中水分控干，如图 2.10 所示。另外，瓶口向下也可以防止尘土，若是进了尘土，前面的消毒就前功尽弃了。

图 2.9　密封罐煮沸消毒

图 2.10　密封罐晾干

（3）准备一锅 300 mL 清水，加入八角、姜片和盐制成盐水（1000 mL 水一般用 50～60 g 盐）。烧开后凉凉备用，如图 2.11 和图 2.12 所示。

图 2.11　制备盐水　　　　　　　　　　　图 2.12　盐水放凉

（4）将花椒盐水倒入罐中，注意用量为罐子容积的 2/3 为好，为原料留出空间，如图 2.13 和图 2.14 所示。

图 2.13　盐水倒入密封罐（1）　　　　　　　图 2.14　盐水倒入密封罐（2）

（5）将什锦蔬菜仔细洗净，沥干水分后放入罐中，如图 2.15 和图 2.16 所示。

图 2.15　蔬菜洗净后沥干水分　　　　　　　图 2.16　蔬菜放入密封罐

（6）蔬菜装罐完成后，盖好盖子密封好，如图 2.17 和图 2.18 所示。腌制好的泡菜酸甜香脆，直接吃或者做菜都令人胃口大开，但是泡菜腌制 20 天之后，亚硝酸盐才会降到很低，建议腌制一个月左右再食用。

想一想

1. 为什么制作泡菜的坛子需要盖好盖子并加水密封？
2. 为什么泡菜坛中有时会出现一层白膜？

图2.17　蔬菜装罐完成

图2.18　盖上盖子密封

温馨提示

1. 食品制作过程所有用具与环境必须消毒，达到国家食品加工安全要求。

2. 食材必须选择合格商品。

3. 制作的泡菜应该是酸和咸的味道，如出现长霉菌以及发臭的情况，是杂菌污染了，应丢弃，请勿食用。

4. 泡菜中含有亚硝酸盐，有致癌风险，应少吃。

5. 泡菜应腌制一个月左右再食用，此时亚硝酸盐含量较低，建议一次腌制少量，半年内吃完。

成果展示

将泡菜盖好盖子加水密封好，一个月之后即可食用，如图2.19和图2.20所示。此时，你可以让身边的亲戚、朋友、老师、同学来品尝，也可以拍成DV发到朋友圈、学校分享平台，让更多的人分享你的成果。

图2.19　泡菜（1）

图2.20　泡菜（2）

思维拓展

各地制作泡菜的材料与工艺不太一样，如韩国泡菜、四川泡菜和东北酸菜等，具有地方特色。同学们可以根据图2.21所示的泡菜创新思路示意图进行厘清创新思路，并通过查阅资料制作2~3种不同特色的泡菜。

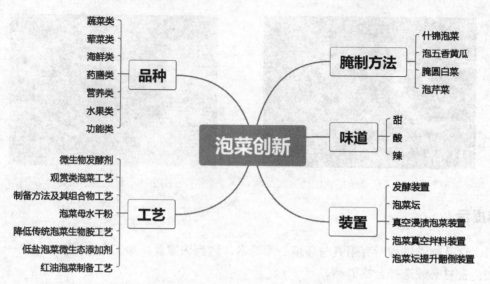

图 2.21　泡菜创新思路示意图

想创就创

四川东坡中国泡菜产业技术研究院的张其圣、申文熹、陈功、李恒、王勇等人发明了一种浅发酵生产泡菜的方法，其获得国家专利：ZL201510077621.4。

本发明公开了一种浅发酵生产泡菜的方法，属于食品技术领域，生产泡菜的方法包括以下步骤：① 漂煮，将新鲜蔬菜在盐水中漂煮；② 制备液体培养基，另取新鲜蔬菜，制得蔬菜滤液并加入葡萄糖、蛋白胨，得蔬菜汁液体培养基；③ 接种，将菌种德氏乳杆菌保加利亚亚种 CICC 6100 接种到蔬菜汁液体培养基，扩大培养后加入食盐水；④ 制备抑菌粉，将菌种植物乳杆菌 SICC1.10 接种到培养基中培养，培养液经处理得抑菌粉；⑤ 发酵，漂煮后的蔬菜装坛，加入含菌液的食盐水后发酵 68～75 h，再加入抑菌粉，即制得泡菜。本发明方法防止泡菜后期发酵出现过酸、质地变软、营养成分流失的问题，延长了泡菜的货架期，提高了泡菜的品质。

请大家下载该专利技术方案并认真阅读，说出它的创意和创新点，然后想想有什么启发。模仿该创新方法，尝试做水果泡菜。

第三节　腐乳的制作

知识链接

据史料记载，早在公元 5 世纪魏代古籍中，就有腐乳生产工艺的记载，到了明代我国就大量加工腐乳，而今腐乳已成长为具现代化工艺的发酵食品。腐乳又称作豆腐乳，是中国流传数千年的特色传统民间美食，因其口感好、营养高，深受中国老百姓及东南亚地区人民的喜爱，是一道经久不衰的美味佳肴。

腐乳通常分为青方、红方、白方三大类。其中，臭豆腐属青方腐乳。"大块""红辣""玫瑰"等属红方腐乳。"甜辣""桂花""五香"等属白方腐乳。

现代科学研究表明，多种微生物参与了豆腐的发酵，如青霉、酵母、曲霉、毛霉等，其中起主要作用的是毛霉。毛霉是一种丝状真菌，分布广泛，常见于土壤、水果、蔬菜、谷物上。毛霉生长迅速，具有发达的白色菌丝。毛霉等微生物产生的蛋白酶能将豆腐中的蛋白质分解成小分子的肽和氨基酸；脂肪酶可将脂肪分解为甘油和脂肪酸。在多种微生物的协同下，普通的豆腐转变成风味独特的腐乳。毛霉是一种丝状真菌，繁殖方式为孢子生殖，新陈代谢类型为异养需氧型。发酵的温度为 15～18℃。

随着人民生活水平的提高和国民经济的发展，人们对腐乳的质量要求越来越高。腐乳正在向低盐化、营养化、方便化、系列化等精加工方面创新发展。我们有理由相信，腐乳这一民族特产将会得到更大的发展。

项目任务

掌握腐乳制作的原理、基本操作步骤，分析影响腐乳品质的条件。

探究活动

所需器材：笼屉、小刀、砧板、筷子、纱布、玻璃瓶、铁盘、老豆腐三大块、一包盐、200 g 干辣椒粉、250 mL 红油、8 g 腐乳曲、酒类。

探究步骤

（1）将老豆腐切成方块，均匀地摆放在笼屉中旺火蒸 2 min，或者整块蒸，如图 2.22 所示，之后放凉，晾干水分。

（2）将腐乳曲洒在豆腐上，注意要三面撒上菌粉，摆在铁盘上，注意间距，包上保鲜膜，如图 2.23 所示。放于温度为 15～18℃的环境条件下培养。实验室可以放于 15～18℃的恒温培养箱中培养两天。

图 2.22　蒸豆腐　　　　　　图 2.23　撒上腐乳曲的豆腐

（3）两天后，打开盖子，会发现豆腐上面已经长了一层白色或黄色的霉菌，如图 2.24 所示；放置一会儿使豆腐块的热量和水分散失，将豆腐上的菌丝搓平，尽量保证菌丝能完全包裹住豆腐。

（4）将豆腐裹上辣椒粉、食盐和酒类混合的腌料，如图 2.25 所示，量以个人口味为准，然后装瓶，如图 2.26 所示。

（5）在装瓶 3 天后加入红油，红油要浸没腐乳，形成油封，再腌制 15 天即可食用。

图 2.24　包裹菌丝的豆腐

图 2.25　裹上腌料的豆腐

图 2.26　装瓶

想一想

1. 在腐乳的制作过程中，为什么要注意加盐和酒的量、发酵的温度？
2. 在腐乳的制作过程中，怎样防止杂菌污染？

温馨提示

1. 食品制作过程所有用具与环境必须消毒，达到国家食品加工安全要求。
2. 食材必须选择合格商品。
3. 腐乳制作过程注意用刀用火安全，例如使用煤气灶进行蒸煮，请全程戴防烫手套，防止烫伤。
4. 腐乳盐分较高，请适量食用。
5. 若腐乳变质，请勿食用。

成果展示

制作成功后的腐乳如图 2.27 所示。此时，你可以让身边的亲戚、朋友、老师、同学来品尝，也可以拍成 DV 发到朋友圈、学校分享平台，让更多的人分享你的成果。

图 2.27　腐乳

思维拓展

从腐乳制作研究出发，说一说发酵温度和发酵时间等因素是如何影响腐乳的质量的？除了做腐乳，还可以从哪些方面进行探究创新？请大家以图 2.28 所示的思维导图拓展自己的创新思路，尝试一下创造。

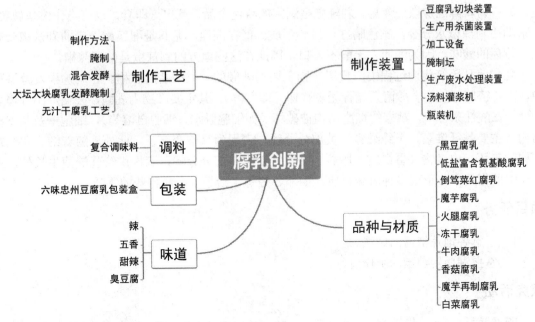

图 2.28 腐乳创新思路示意图

想创就创

开平广合腐乳有限公司的梁家熹发明了一种腐乳的制备方法，其获得国家专利：ZL200810028681.7。

本发明涉及一种腐乳的制备方法，其特征是采用黑豆为主要原料以制作腐乳，与常规工艺比较，本发明在点浆工艺中豆腐成型用的凝固剂采用浓度为 1%～2%的酸水；在前期培养发酵工艺中，采用低温培菌工艺，室温常年控制在 20～24℃，培养时间为 36～40 h；在后期制作工艺的后发酵过程中，所调配的盐酒水浓度低于常规，使制出的黑豆腐乳产品蛋白质和氨基酸含量较高、口感咸香、鲜甜、软糯。

请大家下载该专利技术方案并认真阅读，说出它的创意和创新点，然后想想有什么启发。模仿以上专利技术创新方法，请尝试制作白方腐乳。

第四节 剁辣椒的制作

知识链接

辣椒（拉丁文名：capsicum annuum L.）为茄科，辣椒属，是一年或有限多年生草本植物，原产墨西哥，明朝末年传入中国。辣椒中维生素 C 的含量在蔬菜中居第一位，辣椒的果实因果皮含有辣椒素而有辣味，能增进食欲、解热镇痛、预防癌症和降脂减肥，辣椒有很好的食疗作用。辣椒常被制作成各种风味辣椒酱，一般人们在家里自己制作辣椒酱，湖南的剁辣椒别有风味。

剁辣椒又名剁辣子、坛子辣椒，是一种可以直接食用的辣椒制品，味辣而鲜咸，口感偏重，原料为新鲜红辣椒、食盐。剁辣椒是湖南的特色食品，可出坛即食，也可当作佐料做菜。正宗湖南剁辣椒水分少，颜色暗红，口感不酸。而在湘西，尤其是湘西南一带的剁辣椒带有当地特色的酸味，因为湘西人无酸不入口，因此在这些地方的剁辣椒是酸剁辣椒。

乳酸菌是无氧代谢过程中，代谢产物主要为乳酸的一类细菌的总称。在剁辣椒发酵过程中，因是密闭环境，乳酸菌只能行无氧代谢（即发酵），其主要产物为乳酸，并使周围环境呈酸性。在酸性条件下，辣椒的细胞结构被破坏（如细胞脱水、细胞自溶等），细胞壁及其支撑结构（主要是纤维素、半纤维素）被部分分解，表现为辣椒变软了。此外，随着细胞和组织结构的破坏，内容物（蛋白质、脂肪、糖类）溶出并部分分解，除提供给乳酸菌生长外，还可在酶的作用下，形成多种风味物质，如酯、醛等，给予了产品特殊的香味。

项目任务

1. 了解各地辣椒酱的做法。
2. 掌握湖南剁辣椒的制作过程。

探究活动

所需器材： 500 g 指天椒、120 g 蒜头、50 g 食用盐、适量 100 mL 山茶油、20 mL 高度白酒（50°以上）、25 g 白砂糖、砧板、面盆、刀、绞肉机、密封玻璃瓶罐。

探究步骤

（1）将 500 g 辣椒洗干净后去蒂，120 g 蒜头去皮，如图 2.29 所示。辣椒可用吹风筒快速吹干，如果自然状态晾干，就等晾干后再去根蒂。

（2）将辣椒和蒜头切小，分别放入绞肉机打碎，如图 2.30 所示，不要打得太细，湖南剁辣椒最好是人工剁细，味道会更正宗。

图 2.29 辣椒和蒜头

图 2.30 搅碎辣椒和蒜头

（3）将剁好的辣椒和蒜头加入 50 g 食用盐、25 g 白砂糖，具体用量可根据自己的口味，搅拌均匀，如图 2.31 所示。腌制 30 min 后加入 20 mL 的高度白酒，再搅拌均匀。

（4）将腌制好的剁辣椒装入无油、无水、消毒过的密封玻璃瓶，加入山茶油，山茶油浸没剁辣椒，如图 2.32 所示。

图 2.31 加入盐

图 2.32 加入山茶油

（5）大概过 15 天后，剁辣椒就发酵完成了，如图 2.33 所示。

想一想

1．剁辣椒制作过程中是怎样防止细菌污染的？

2．洗好的辣椒为什么要等自然晾干后再去蒂？

温馨提示

1．食品制作过程所有用具与环境必须消毒，达到国家食品加工安全要求。

2．食材必须选择合格商品。

3．剁辣椒制作过程注意用刀，防止割伤。

图 2.33 剁辣椒

成果展示

制作成功的剁辣椒如图 2.33 所示。此时，你可以让身边的亲戚、朋友、老师、同学来品尝，也可以拍成 DV 发到朋友圈、学校分享平台，让更多的人分享你的成果。

思维拓展

剁辣椒含有丰富的营养物质，还味道鲜美，清炒和煮汤都不错。从剁辣椒制作成功的过程来看，证实剁辣椒还是可以制作出来的。从剁辣椒制作出发，还可以从哪些方面进行探究创新？请大家以图 2.34 所示的剁辣椒创新思路示意图拓展自己的创新思路，尝试一下制作你喜欢的剁辣椒。请思考高度白酒、山茶油、食用盐等的作用。

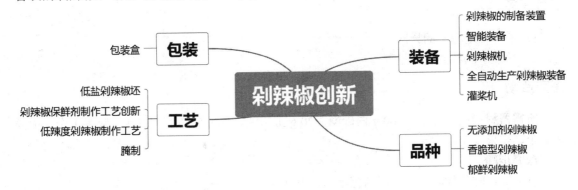

图 2.34 剁辣椒创新思路示意图

想创就创

中国农业大学的廖小军、李晶钰、胡小松等人发明了一种剁辣椒及其制备方法，其获得国家专利：ZL201510271218.5。

本发明公开了一种剁辣椒及其制备方法，包括如下步骤：① 将辣椒碎片、大蒜碎末、生姜碎末、食盐、蔗糖和白酒混合后，于容器中密封发酵，得到发酵物；② 对所得发酵物依次进行脱盐处理和调味处理后，真空密闭包装于瓶或袋中，得到包装后的剁辣椒；③ 对所得包装后的剁辣椒进行中温结合高静压杀菌处理，即得到剁辣椒。采用中温结合高静压加工技术，与现有技术相比，在杀灭微生物、抑制生物胺生成的同时，保持了产品的色、香、味等感官品质和营养成分，保证了食品安全，在不添加任何防腐剂的条件下延长了储藏期，保持了剁辣椒的脆性，同时采用具有高阻隔氧性能的 PP/EVOH/PP 瓶或袋替代金属罐和玻璃瓶，轻便美观，开启方便，易于运输。

请大家下载该专利技术方案并认真阅读，找出它的创意和创新点，然后想想有什么启发。结合以上专利技术创新方法，请尝试在剁辣椒中加入刀豆、白萝卜，或者做豆瓣酱。

第五节　水晶粽的制作

知识链接

端午节与春节、清明节、中秋节并称为中国四大传统节日。2009 年 9 月，联合国教科文组织正式批准将其列入《人类非物质文化遗产代表作名录》，端午节成为中国首个入选世界非遗的节日。

"粽子香，香厨房。艾叶香，香满堂。桃枝插在大门上，出门一望麦儿黄。这儿端阳，那儿端阳，处处都端阳。"各地方过端午节的习俗各不相同，但端午节吃粽子，全国各地都是一样的。不同地方粽子的包法和馅料不同，如北方的枣粽、南方的咸肉粽、海南的茄苳叶包粽等，馅料多种多样，现代还出现了水晶粽、星冰粽等，花样繁多。

水晶粽色泽鲜艳，表皮晶莹剔透。水晶粽是以西米为原料，加上各种各样的配料，如豆沙、水果等馅料。而传统的粽子都是以糯米为原料，加上各种各样的配料，大多属于高油脂、高热量的食物，吃多了不宜消化，特别是老人、小孩和消化能力差的人更不能多食。

项目任务

1. 了解各地粽子的异同。
2. 掌握水晶粽的制作过程。

探究活动

所需器材：西米 250 g、60 g 白砂糖、20 g 玉米油、80 mL 热水、粽叶、紫薯 1 个、火龙果 1 个、杧果 1 个。

探究步骤

（1）清洗晾干粽叶，可用厨房纸擦干，叶子两端剪去一点，如图 2.35 所示。

（2）将紫薯蒸熟后加入 20 g 糖，用勺子压成泥，将火龙果和杧果切粒，如图 2.36 所示。

图 2.35　粽叶　　　　　　　　　　　图 2.36　馅料

（3）将 250 g 西米放入盆中，再加入 40 g 白砂糖、20 g 玉米油和 80 mL 热水搅拌均匀，如图 2.37 所示，白砂糖和玉米油的用量根据个人需要添加。

（4）两张粽叶相叠，在 1/3 处对折旋转形成一个三角杯，往杯子里先加入一层西米，再加入一层馅料，最后再加入一层西米，之后压实，如图 2.38 所示。上面粽叶对折包成一个三角形粽，绑上绳子，如图 2.39 所示，绳子一定要绑结实，不然煮时会露馅。

图 2.37　西米　　　　　　　　　　　图 2.38　包粽子

（5）将包好的粽子放入锅中，加水浸没粽子，水煮 30 min，如图 2.40 所示。

图 2.39　三角粽　　　　　　　　　　图 2.40　水煮粽子

想一想

1. 西米中为什么要加玉米油和热水？
2. 粽子除了三角形，还可以包成什么形状？

温馨提示

1. 食品制作过程所有用具与环境必须消毒，达到国家食品加工安全要求。
2. 食材必须选择合格商品。
3. 水晶粽制作过程注意用刀、用火安全，例如使用煤气灶进行蒸煮，请全程戴防烫手套，防止烫伤。

成果展示

制作成功的水晶粽如图 2.41～图 2.43 所示，你可以让身边的亲戚、朋友来品尝，也可以拍成 DV 发到朋友圈分享，让更多的人分享你的成果。

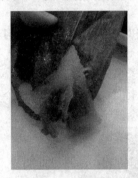  

图 2.41　紫薯水晶粽　　　　图 2.42　杧果水晶粽　　　　图 2.43　杂锦水晶粽

思维拓展

请查阅资料，了解端午节各地的习俗和粽子的特点。我们还可以做什么改进创新？请你参考图 2.44 所示的水晶粽子制作创新思路示意图进行拓展创新设计。

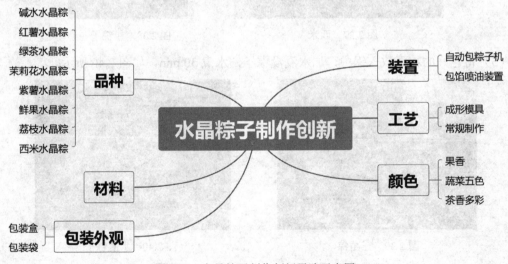

图 2.44　水晶粽子制作创新思路示意图

想创就创

华南理工大学的李汴生、陈云辉、阮征等人发明了一种水晶粽子及其制备方法，其获得国家专利：ZL201210303480.X。

本发明公开了一种水晶粽子及其制备方法，包括粽叶和由粽叶包裹的淀粉糊，淀粉糊按重量份数计，包括如下配方：马蹄粉 15～16 份、马铃薯变性淀粉 4～8 份、羟丙基二淀粉磷酸酯 1.5～3 份、白糖 8～12 份、脱氢乙酸钠 0.03～0.05 份、水 61～71.5 份。制备步骤：① 将马蹄粉、马铃薯变性淀粉、羟丙基二淀粉磷酸酯、脱氢乙酸钠混合均匀；② 向上述混合料中加入部分水，搅拌均匀成粉浆；③ 将白糖加入剩余水中，煮糖水；④ 将热糖水缓慢冲入步骤②中的粉浆中，边冲边搅拌，直至形成可塑性淀粉糊；⑤ 包粽子；⑥ 将粽子蒸熟即得到水晶粽子。本发明水晶粽子外观诱人，口感极佳，易消化，且保质期更长。

请大家下载该专利技术方案并认真阅读，找出它的创意和创新点，然后想想有什么启发。结合上述水晶粽包法，请尝试做一个樱桃水晶粽。

第六节 马蹄糕的制作

知识链接

马蹄，又称作荸荠，是一种生长在水田中的多年生草本植物。我们吃的是呈扁圆形的地下茎，球茎富含淀粉，味甜多汁，既可生吃，又可熟食，还可供药用。

马蹄糕是广东省广州市、福建省福州市和广西壮族自治区南宁市等地的一种传统甜点小吃，相传源于唐代，其以糖水拌和荸荠粉或者地瓜粉蒸制而成。荸荠，粤语和闽语别称马蹄故名。其色茶黄，呈半透明，可折而不裂，撅而不断，软、滑、爽、韧兼备，味极香甜。马蹄糕口感甜蜜，入口即化。其口感使马蹄糕在粤菜中十分突出。马蹄性甘味寒，有清心泻火、润肺凉肝、消食化痰的功效。

据传，唐贞观二十三年（公元 649 年）高宗继位。岭南道节度使素闻广州泮塘马蹄、莲藕、慈姑、茭笋、菱角之名，遂令画匠作"泮塘五秀"图，遣吏献图及五物于朝。高宗见图物喜，令为登基祭祀物。

调露二年（公元 680 年）贤获罪武后废为庶，迫令自杀。贤有三子，光顺、守礼、守义。光顺为乐安王，徙义丰被诛。守义为犍为王，徙封桂阳。贤及光顺逝后，守义得"泮塘五秀"图。垂拱四年守义病，薨前传图嘱长子承敖避武后诛。承敖及后人秉祖训，经贺、梧、安南出海，后晋天福元年入广州，居陇西直街、聚龙里。承敖后裔李讫寻得"泮塘五秀"后，迁泮塘村。其时，恰逢马蹄收获，隆坤按当地习惯鲜食，觉清香甘甜，乃存鲜马蹄若干欲待后分食。不久，鲜马蹄开始腐烂，隆坤遂用焙面法，将马蹄去皮捣浆置于釜，慢火焙干成粉。将粉水煮成糊分与乡民服食，皆称与鲜食马蹄之感无异。因其用"泮塘马蹄"制作，故隆坤称之为"泮塘马蹄粉"。随后，隆坤就地开办"泮塘五秀"店，沽"泮塘马蹄粉"及"泮塘五秀"制品传售于世，而"泮塘马蹄粉"即为现今的马蹄糕。

项目任务

利用马蹄粉和新鲜马蹄制作马蹄糕。

探究活动

所需器材：马蹄粉 250 g、新鲜马蹄 200 g、黄片糖 300 g、清水 1500 mL。

探究步骤

（1）将 800 mL 清水加入 250 g 马蹄粉中混合成粉浆后过滤，得生浆，如图 2.45 和图 2.46 所示。

图 2.45　马蹄粉与水混匀

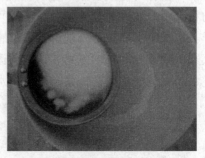
图 2.46　过滤

（2）将马蹄洗干净，如图 2.47 所示，切碎备用，如图 2.48 所示。

图 2.47　马蹄

图 2.48　马蹄切碎

（3）在 700 mL 清水中加入 300 g 黄片糖煮溶煮开，如图 2.49 所示，并加入马蹄碎混匀，之后关火，如图 2.50 所示。

图 2.49　煮糖水

图 2.50　加入马蹄碎

（4）取少量（一碗）生浆，如图 2.51 所示，加入沸糖水搅拌得到透明黏稠状熟浆，如图 2.52 所示。

（5）将熟浆倒入生浆中搅拌得到生熟浆，如图 2.53 所示。

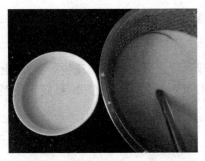

图 2.51 生浆

图 2.52 熟浆

（6）将生熟浆倒入蒸盘中猛火蒸 15 min，等彻底放凉后可切块食用，如图 2.54 所示。

图 2.53 生熟浆

图 2.54 蒸熟的马蹄糕

想一想

1. 将粉浆过滤有什么好处？
2. 为什么要先制作熟浆？

温馨提示

1. 食品制作过程所有用具与环境必须消毒，达到国家食品加工安全要求。
2. 食材必须选择合格商品。
3. 马蹄生长在水里，容易感染寄生虫，应彻底清洗干净，并建议马蹄以熟吃为主。

成果展示

制作成功的马蹄糕如图 2.55 和图 2.56 所示，吃起来感觉味极香甜可口。你可以让身边的亲戚、朋友来品尝，也可以拍成 DV 发到朋友圈，让更多的人分享你的成果。

图 2.55 马蹄糕（1）

图 2.56 马蹄糕（2）

思维拓展

每个地方制作马蹄糕的方法不同，有些加入绿豆、红豆、绿茶、花生等食品制作马蹄糕。除此之外，我们还可以做些什么改进创新？请你参考图 2.57 所示的马蹄糕制作创新思路示意图进行创新设计。

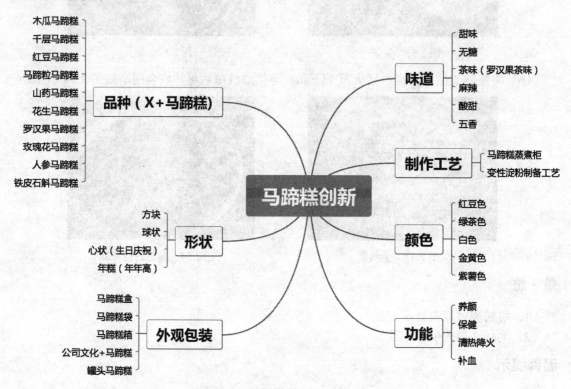

图 2.57　马蹄糕制作创新思路示意图

想创就创

广西壮族自治区桂林市象山区凯风路李燕发明了五谷马蹄糕及其制作方法，其获得国家专利：ZL201310431710.5。

本发明公开了一种五谷马蹄糕及其制作方法，它是由以下重量份的原料制成：马蹄粉 40～6 份、红豆 20～35 份、小麦粉 15～30 份、玉米粉 18～35 份、黄豆粉 15～30 份、黄小米 8～15 份、中药汁 10～18 份、葡萄干 3～8 份、糖 30～50 份、食用油 5～10 份、水 200～500 份，并经各原料备用、混浆、蒸糕、包装、杀菌等步骤制作而成。本发明制得的五谷马蹄糕与现有技术相比，香味浓郁、色泽诱人、富有弹性、甜味适中，且营养丰富、具有保健功效，老少皆宜，是健康养生的居家食品。

请大家下载该专利技术方案并认真阅读，找出它的创意和创新点，然后想想有什么启发，再结合马蹄糕的制作方法，请尝试用别的方法为自己做一些马蹄糕。除了制作马蹄糕，还可以利用白萝卜和粘米粉制作萝卜糕，还可以加上虾米和腊肠等。

第七节 姜撞奶的制作

知识链接

相传在广东番禺沙湾镇,一位年迈的老婆婆犯了咳嗽病,后得知姜汁可治咳嗽,但姜汁太辣,老婆婆无法喝下去,媳妇不小心把奶倒入装姜汁的碗里,奇怪的是过了一阵子牛奶凝结了,婆婆喝了后顿觉满口清香。第二天病就好了。因此姜撞奶就在沙湾镇流传开了,沙湾人把"凝结"叫作"埋",于是"姜撞奶"在沙湾也叫作"姜埋奶"。

姜撞奶是一种广东珠江三角洲地区的特色传统甜点小吃,以姜汁和牛奶为主要原料加工制作而成的一种甜品,口感滑嫩,风味独特,可以调节气血、调理脾胃,姜又是可以活血驱寒的最佳食材。

牛奶遇姜汁后在一定温度范围(40~100℃)内发生化学作用,使牛奶凝固,是因为姜汁中含有生姜蛋白酶,这种酶能够使牛奶中酪蛋白胶束表面的部分蛋白质分解,改变了蛋白质的结构,从而使牛奶凝固。另外,选用新鲜、优质的水牛奶为原料,经过巴氏杀菌、灌装而成,香醇浓厚,口感甘香的水牛奶,蛋白质丰富,做出来的姜撞奶既结实又嫩滑,而且奶味十足。

项目任务

利用姜和牛奶制作姜汁撞奶。

探究活动

所需器材:全脂纯牛奶 200 mL(脂肪含量 4%以上)、老姜 100 g、白糖 30 g、提子干 8颗、榨汁机、纱布。

探究步骤

(1)把所有材料准备好,过滤纱布一张,如图 2.58 所示。

(2)老姜洗干净后去皮切片,沥干水分后放入榨汁机打碎,注意不要加水,要用纯姜汁,如图 2.59 和图 2.60 所示。

图 2.58 所用材料

图 2.59 切姜片

(3)姜片打碎后,可以倒入纱布里包裹好,然后用力挤出姜汁,如图 2.61 和图 2.62 所示。200 mL 牛奶需要 22~25 mL 的姜汁,注意姜汁不要太少,并且现榨现用。

图 2.60　放入榨汁机

图 2.61　姜碎倒入纱布

（4）牛奶、白糖放入锅中用中火加热，如图 2.63 所示，其间用勺子搅拌防止粘底，如图 2.64 所示，同时不要让牛奶煮开。当锅内的牛奶周围起比较密集的小气泡时关火，倒入杯中，等 30 s 降到 70℃左右最为适合。

图 2.62　挤出姜汁图

图 2.63　牛奶加热

（5）姜汁倒入事先准备好的碗里，把 70℃左右的牛奶在 4～5 s 内迅速倒入姜汁里，如图 2.65 所示。注意倒时距离稍远一点，让热牛奶与姜汁充分混合；倒完后不要移动碗，可以盖上盖子，如图 2.66 所示。静置 10 min 左右的时间凝结即可。

图 2.64　搅拌图

图 2.65　往姜汁中倒牛奶

（6）牛奶凝固后，可以加点提子干，或加点蜂蜜，口味更佳，如图 2.67 所示。

图 2.66　盖上盖子

图 2.67　凝固的牛奶

想一想

1. 为什么姜汁要新鲜呢？煮沸可以吗？
2. 为什么给牛奶加热时不要煮沸？

温馨提示

1. 食品制作过程所有用具与环境必须消毒，达到国家食品加工安全要求。
2. 食材必须选择合格商品。
3. 姜撞奶的不适合人群包括孕妇、痔疮患者和对姜汁过敏人群。

成果展示

制作成功的姜撞奶，加点提子干，如图 2.68 所示，吃起来口感甘香，带有姜味，你可以让身边的亲戚、朋友来品尝，也可以拍成 DV 发到朋友圈，让更多的人分享你的成果。

图 2.68 提子干姜撞奶

思维拓展

制作姜撞奶，温度的控制是成功的关键，请设计方案探究温度对生姜蛋白酶的影响。除此之外，还可以对姜撞奶制作过程做哪些方面的创新？请你参考图 2.69 所示的姜撞奶制作创新思路示意图进行创新设计。

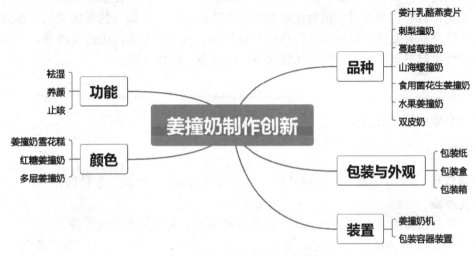

图 2.69 姜撞奶制作创新思路示意图

想创就创

广东嘉豪食品股份有限公司的陈志雄、陈世豪、刘亚萍、郑新华等人发明了一种凝固型广式姜撞奶便利食品及其制作方法，其获得国家专利：ZL201310577127.5。

本发明公开了一种凝固型广式姜撞奶便利食品的制作方法，其由以下重量百分含量组分组成：生姜汁 10%～15%、奶粉 10%～20%、玉米淀粉 6%～10%、柠檬酸 0.03%～0.08%、食用明胶 0.3%～0.8%、白砂糖 3%～6%、洁净水余量。其制作流程包括玉米淀粉糊化，添加奶粉、白砂糖、食用明胶溶解，姜汁调味，70℃加热，均质，静置凝固，巴氏杀菌。其中，生姜汁的制取流程为：生姜选料、清洗、去皮、切片、榨汁、过滤。本发明采用新配方制作的产品口感柔软嫩滑，牛奶和生姜风味突出，最优势的特征在于提高了产品的凝固强度，延长了广式姜撞奶的保藏时间。

请大家下载该专利技术方案并认真阅读，找出它的创意和创新点，然后想想有什么启发。双皮奶也是一种粤式甜品，使用的食材是新鲜的牛奶、鸡蛋清和白糖等。请你查阅相关资料，再结合姜撞奶的制作方法，制作美味的杞果双皮奶。

第八节　山楂球的制作

知识链接

相传有一年深秋，杨贵妃肚子胀痛，吃不下饭。御医们用尽了名贵药材也没治好，反而使病情不断加重。一位化缘的道士自荐能为杨贵妃治病。道士诊病之后，让杨贵妃吃了五个大红山楂，然后扬长而去，唐玄宗将信将疑，半日之后，贵妃的病果真痊愈，胃口大开，唐玄宗龙颜大悦，诗："酸味胜过隔年醋，清肠消腻果中王。"从此民间沟沟岔岔都载上了山楂树，古九州之一的青州也成为历史上有名的盛产山楂之乡。

山楂，蔷薇科山楂属，落叶乔木，主要分布在山东、陕西、山西等地。山楂是中国特有的药果兼用树种，其具有降脂、降血压、抗动脉粥样硬化、抗心律不齐等作用，同时能调节肠胃道蠕动，具有健脾开胃、消食化滞和保护肝脏的作用。山楂内的黄酮类化合物能降低血糖和防止糖尿病并发症。现研究，山楂还具有抗菌、抗肿瘤作用。山楂果肉薄，味微酸涩，可生吃或做果脯糕点，如山楂糕、冰糖葫芦、山楂条、山楂球等。

项目任务

掌握制作山楂球的过程。

探究活动

所需器材：250 g 山楂、60 g 白砂糖、水果刀、砧板、榨汁机、不粘锅。

探究步骤

（1）新鲜山楂用盐水浸泡 15 min，如图 2.70 所示，再用清水清洗干净。

（2）山楂去核，如图 2.71 所示；将去核山楂加水放入锅中煮 10 min 左右，煮至山楂软烂，如图 2.72 所示。

图 2.70　盐水浸泡山楂

图 2.71　山楂去核

图 2.72　煮山楂图

（3）煮好的山楂捞起，放入榨汁机中搅打成山楂泥，如图 2.73 和图 2.74 所示。

（4）山楂泥与 20 g 白砂糖（黄冰糖）放入不粘锅中熬煮去水分，如图 2.75 所示，白砂糖量可根据个人口味加入。熬煮过程中要不断搅拌，熬煮至山楂泥沾在勺子上不易掉落即可，如图 2.76 所示。

图 2.73　放入榨汁机

图 2.74　山楂糊

图 2.75　煮山楂泥

（5）将放凉的山楂泥搓出圆形，裹上白砂糖成山楂球，如图 2.77 所示。

图 2.76　山楂泥去水分

图 2.77　山楂球

想一想

1. 山楂为什么要用盐水浸泡？
2. 除了将山楂泥熬煮去水分，还有什么办法让山楂泥更易成形？

温馨提示

1. 食品制作过程所有用具与环境必须消毒，达到国家食品加工安全要求。
2. 食材必须选择合格商品。

3. 山楂球制作过程注意用刀用火安全，例如使用煤气灶进行蒸煮，请全程戴防烫手套，防止烫伤。

成果展示

制作成功的山楂球如图 2.78 所示，吃起来感觉酸甜可口。你可以让身边的亲戚、朋友来品尝，也可以拍成 DV 发到朋友圈，让更多的人分享你的成果。

图 2.78　山楂球

思维拓展

每个地方制作山楂球的方法不同，有些加入大枣、南瓜、红薯等食品制作山楂球。除此之外，还可以做些什么改进创新？请你参考图 2.79 所示的山楂球制作创新思路示意图进行创新设计。

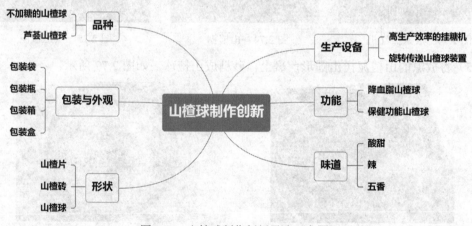

图 2.79　山楂球制作创新思路示意图

想创就创

山东金晔农法食品有限公司的韩召东、张迎春、马蜓等人发明了一种枕式包装机的理料装置，其获得国家专利：ZL202022524586.5。

本申请涉及一种枕式包装机的理料装置，属于食品包装的技术领域，其包括托糖板，托糖板位于数粒盘远离环形斜坡件的一侧，托糖板上开设有多个落糖孔，落糖孔的直径小于数粒孔的直径，托糖板靠近落糖轨道末段处设置有落糖口，托糖板远离数粒盘的一侧连接有接糖板，接糖板与托糖板之间具有空隙，以承接自落糖孔掉落的山楂球，接糖板上沿其周向设置有挡糖板。本申请具有提高产品合格率的效果。

请大家下载该专利技术方案并认真阅读，找出它的创意和创新点，然后想想有什么启发，再结合山楂球的制作方法，请尝试用别的方法为自己做一些山楂球。

第九节　杧果干的制作

知识链接

杧果（mangifera indica）属于漆树科（anacardiaceae）杧果属（mangifera），是热带优质水果之一，是世界第二大热带水果。目前，中国热带和亚热带地区均有种植，主要分布于海南、广东、广西、云南、福建、四川和台湾地区。

杧果是著名的热带水果，含有丰富的糖、蛋白质、粗纤维和维生素等，杧果所含有的维生素 A 的前体胡萝卜素成分特别高，是所有水果中少见的。新鲜的杧果味道鲜美，芳香扑鼻，但是储存时间不长，因此可以加工制作成果汁、果酱、罐头和杧果干等。制作的杧果干保留了大部分的营养物质，又酸甜可口，具有浓厚的杧果芳香，属于高档的休闲食品。

杧果干是由杧果经过加工制作而成的水果干，它的口味酸甜清香，甜而不腻，让人入口难忘，回味无穷，是一道休闲小吃。吃杧果干对人的身体健康是有很多好处的：首先，因为杧果干有益胃、止呕、止晕的功效，所以，对眩晕症、梅尼埃综合征、恶心呕吐等问题，吃杧果干非常有疗效。其次，因为杧果干是能起到降低胆固醇的功效，所以，我们要经常吃杧果干，这样就可以利于我们人体防治心血管疾病的问题。最后，还能用吃杧果干的方法来起到保护视力、润泽皮肤的效果，这样对老人和经常用眼过度的人以及女士来说，实际上都有保健作用。

项目任务

利用新鲜杧果制作杧果干。

探究活动

所需器材：杧果 250 g、白糖 150 g、清水、水果刀、盘子、网架。

探究步骤

（1）锅里倒入清水，放入 150 g 白糖并煮至融化，煮开后放置冷却，水和白糖的量要看杧果多少去衡量，并根据个人口味适当调整，如图 2.80 所示。

（2）将杧果削皮，最好选用生熟适中的杧果，如图 2.81 所示。

（3）用刀切出厚度均匀的杧果片，大概 3 mm 厚左右，如图 2.82 所示。

（4）把切好的杧果装入盆中，加入凉凉的糖水，正好没过杧果片即可，如图 2.83 所示。

（5）用保鲜膜封好，放入冰箱冷藏一晚，使其腌制入味，如图 2.84 所示。

（6）第二天从冰箱拿出腌制好的杧果片，沥干水分，然后将杧果片整齐地铺放在网架上，如图 2.85 所示。

（7）拿到阳台晒一天，晒到杧果片表面收缩，摸起来是干燥的即可，如图 2.86 所示。

图 2.80　煮糖水

图 2.81　杧果削皮

图 2.82　杧果切片

图 2.83　杧果片浸入糖水

图 2.84　裹上保鲜膜

图 2.85　杧果片铺放在网架上沥干水分

图 2.86　晒杧果片

想一想

杧果成熟时，果肉变软，要加工成片状需要经硬化处理，否则不容易成型。加入的硬化剂有多种，其中氯化钙硬化效果好。除此之外，还可以用什么方法使杧果片硬化呢？

温馨提示

1. 食品制作过程所有用具与环境必须消毒，达到国家食品加工安全要求。
2. 食材必须选择合格商品。
3. 杧果干应该是金黄色，如发黑发臭应丢弃，勿食用。
4. 对杧果过敏人群请勿食用。

成果展示

制作成功的杧果干如图 2.87 和图 2.88 所示，吃起来感觉酸甜可口。你可以让身边的亲戚、朋友来品尝，也可以拍成 DV 发到朋友圈，让更多的人分享你的成果。

图 2.87　杞果干（1）

图 2.88　杞果干（2）

思维拓展

杞果干一般最终含水量在 15%～18% 口感才好，如果家里有烤箱或烘干机，可以直接将杞果片烘干。温度和时间应该怎么控制才能使杞果片干湿度适中呢？大家可以去探索一下。除此之外，还可以参照图 2.89 所示的杞果干创新思路示意图进行创新探索。

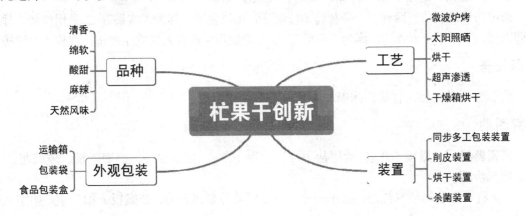
图 2.89　杞果干创新思路示意图

想创就创

云南滇秘味食品开发有限公司的吴克峰、杨才华、曾昭山等人发明了一种高营养无添加杞果干及加工方法，获得国家专利：ZL201810374428.0。

本发明公开了一种高营养无添加杞果干及加工方法，杞果干是采用临沧市永德县种植的椰香、马切苏和缅三杞果品种中的一种或几种为初始原料，于七至九成熟时采收，糖分含量在 13%～15%。采摘的鲜杞果经浸泡、孵育、辐照制得用于本发明杞果干加工的特定原料，特定原料经削皮、切片、脱水，即得本发明高营养无添加的杞果干。其中，杞果干水分含量为 15%～20%，总糖含量为 45%～57%，可滴定酸含量为 0.9%～1.2%，可溶性固形物含量为55%～66%。相较于原杞果而言，采用上述方法制得的杞果干不仅保留了原杞果的特有外观、滋味和清香味，肉质细腻，软硬度适中，还实现了原杞果营养成分最大限度转化和保留、总糖和可滴定酸最佳含量共同决定最佳口感等实质性的技术效果。

请大家下载该专利技术方案并认真阅读，找出它的创意和创新点，然后想想有什么启发，再结合杞果干的制作方法，尝试用烤箱或烘干机制作杞果干。

第十节　甜橄榄的制作

知识链接

　　腌制是早期保存蔬菜的一种非常有效的方法。现今，蔬菜的腌制已从简单的保存手段转变为独特风味蔬菜产品的加工技术。酱腌菜这一传统食品是我国人民历代智慧的结晶，是祖国宝贵文化财富的一部分。腌制是利用食盐或糖的保藏作用，将新鲜果品或者其他方法已经加工过的原料用盐（糖）腌渍制成食品的方法。

　　橄榄是橄榄树的果实，营养丰富，果肉内含蛋白质、碳水化合物、脂肪、维生素 C 以及钙、磷、铁等矿物质。它的种子可以用来炸油，油可以用于食用、制肥皂或作润滑油。而它的果肉则可以生食或腌制，加入甘草、冰糖和蜂蜜等腌制的甜橄榄具有清热解毒、利咽化痰、生津止渴等功效，适用于咽喉肿痛、烦渴、咳嗽痰血等。

　　橄榄的传统制法有两种：一是盐腌橄榄晒干，用以佐膳，称为"咸果"；二是用橄榄、甘草和糖同煮，干后撒上五香粉，称为"苦果"，或五香橄榄，也有人喜吃生橄榄，或称"青橄榄"。

项目任务

　　将新鲜的橄榄加入甘草、冰糖和蜂蜜等腌制成甜橄榄。

探究活动

　　所需器材：青橄榄 500 g、食用盐 10 g、冰糖 100 g、甘草 50 g、蜂蜜适量、玻璃瓶。

　　探究步骤

　　（1）将青橄榄用清水洗净，沥干水分，然后用菜刀划出裂缝，在案板上拍一下，如图 2.90 所示。

　　（2）在橄榄中加入 10 g 食用盐，腌制半天，如图 2.91 所示，然后将橄榄投入凉开水浸泡，换几次水，如图 2.92 所示。

图 2.90　用刀切橄榄

图 2.91　用盐腌制橄榄

　　（3）将 50 g 甘草片加入 500 mL 水放入锅中煮 20 min，后加入 100 g 冰糖煮至溶化，如图 2.93 所示，同时瓶子也煮沸消毒，备用，如图 2.94 所示。

　　（4）糖水凉至 40℃左右，以不烫手为宜，倒入瓶中，放入橄榄浸泡，如图 2.95 所示，并加入适量蜂蜜，如图 2.96 所示。

图 2.92 凉开水浸泡

图 2.93 用盐腌制橄榄

图 2.94 凉开水浸泡

图 2.95 橄榄装瓶

（5）把瓶口密封好以后，放入冰箱冷藏保存，密封两周后即可食用，如图 2.97 所示。

图 2.96 加入蜂蜜

图 2.97 盖上瓶盖密封保存

想一想

1．操作过程中有什么措施可以防止杂菌污染？

2．为什么加入蜂蜜前，糖水需要先冷却？

温馨提示

1．食品制作过程所有用具与环境必须消毒，达到国家食品加工安全要求。

2．食材必须选择合格商品。

3．甜橄榄属于腌制食品，请适量食用。

成果展示

腌制成功的橄榄如图 2.98 和图 2.99 所示，吃起来清甜可口。你可以让身边的亲戚、朋友来品尝，也可以拍成 DV 发到朋友圈，让更多的人分享你的成果。

图 2.98　甜橄榄（1）

图 2.99　甜橄榄（2）

思维拓展

除了腌制甜橄榄，还可以用盐水腌制咸橄榄，水与盐的比例是 4∶1 左右。另外，我们还可以从制作工艺、品种等方向进行创新，如图 2.100 所示。

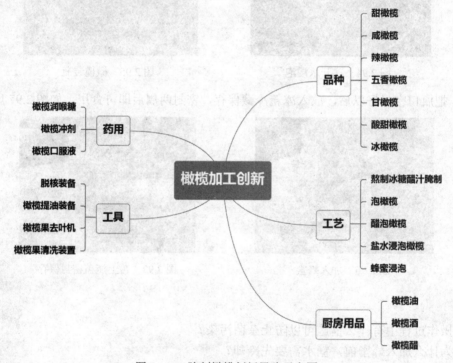

图 2.100　腌制橄榄创新思路示意图

想创就创

福州市食品工业研究所的陈日春、唐胜春等人发明了一种咸甜橄榄蜜饯及其生产方法，其获得国家专利：ZL201110448817.1。

本发明公开了一种咸甜橄榄蜜饯及其生产方法，它是将新鲜橄榄经分级、挑选、去皮、盐腌、分级、分选、漂水、腌制、烘制、分选、包装、入库这些工序加工完成的。成品制作精细、形态别致、色泽鲜艳、风味清雅，市场开发前景良好。

请大家下载该专利技术方案并认真阅读，找出它的创意和创新点，然后想想有什么启发，再结合甜橄榄的制作方法，尝试用盐水腌制咸橄榄。

本章学习评价

一、选择题

1．下列关于果酒、果醋和泡菜传统制作的叙述，正确的是（ ）。

　　A．制作果酒时，反复冲洗葡萄以避免杂菌污染

　　B．控制好温度和酸碱度既有利于目的菌的繁殖，又可抑制杂菌的生长

　　C．制作果醋和泡菜的主要微生物都是原核生物，且呼吸类型相同

　　D．发酵过程中所有材料都需要进行严格的灭菌处理，以免杂菌污染

2．（2020 安徽六安一中）下列是有关腐乳制作的几个问题，其中正确的是（ ）。

①　腐乳的制作主要利用了微生物发酵的原理，起主要作用的微生物是青霉、曲霉和毛霉

②　含水量为 70%左右的豆腐适于制作腐乳，用含水量过高的豆腐制腐乳，不易成形，且不利于毛霉的生长

③　豆腐上生长的"白毛"是毛霉的白色菌丝

④　决定腐乳特殊风味的是卤汤

⑤　腐乳的营养丰富，是因为大分子物质经过发酵作用分解成易于消化的物质

⑥　卤汤中含酒量应该控制在 21%左右，酒精含量过高，腐乳成熟的时间会延长；酒精含量过低，不足以抑制微生物的生长

　　A．①②③④　　　　B．②③④⑤　　　　C．③④⑤⑥　　　　D．①④⑤⑥

3．不同培养基的具体配方不同，但一般都含有（ ）。

　　A．水、蛋白质和维生素

　　B．碳源和氮源

　　C．水、碳源、氮源和无机盐

　　D．磷元素、硫元素、钾元素、镁元素

4．微生物的实验室培养要进行严格的灭菌和消毒，以下理解不正确的是（ ）。

　　A．灭菌能杀死物体内外所有的微生物的细胞、芽孢和孢子

　　B．任何消毒方法一般都不能消灭微生物的孢子和芽孢

　　C．灼烧法灭菌主要对象是金属器具，也可以是玻璃器具

　　D．常用的灭菌方法有灼烧灭菌、高压蒸汽灭菌和紫外线灭菌

5．（2019 湖北孝感高二期中）含有抗生素的牛奶不能发酵成酸奶，原因是（ ）。

　　A．抗生素呈碱性，会与乳酸发生中和反应

　　B．抗生素能杀死或抑制乳酸菌的生长

　　C．抗生素能抑制酵母菌的生长

　　D．抗生素在酸性环境中会被分解破坏

二、非选择题

1．乳酸菌常用于制作酸奶、泡菜等发酵食品，这些食品既美味又营养，深受大众喜爱。请回答下列问题。

（1）人们一般使用乳酸杆菌（如双歧杆菌）制作酸奶。双歧杆菌在＿＿＿＿＿＿＿＿（填

"有氧"或"无氧"）条件下，将牛奶中的葡萄糖、乳糖分解成＿＿＿＿＿＿＿＿，同时将奶酪蛋白水解为小分子的肽和＿＿＿＿＿＿＿＿，不仅易被人体吸收，也适用于乳糖不耐症人群饮用。

（2）利用乳酸菌制作泡菜时，泡菜坛是否需要人工定时排气？＿＿＿＿＿＿＿＿。为什么？
＿＿。

在泡菜发酵过程中，可观察到泡菜坛盖边沿的水槽中有时会"冒泡"，"泡"中的气体主要是由＿＿＿＿＿＿＿＿的细胞呼吸产生的。

（3）刚制作的泡菜不能立即食用是因为＿＿＿＿＿＿＿＿对人体有害，实验室常采用＿＿＿＿＿＿＿＿法来检测泡菜中该物质的含量。

2. 腐乳，又称作豆腐乳，是我国具有民族特色的发酵食品之一。其滋味鲜美，酱香宜人，制作历史悠久，品种多样，主要有红方腐乳、酱腐乳和白腐乳等，而红曲酱腐乳既具有红方腐乳适宜的天然红曲色泽，又具有酱腐乳特有的浓郁的酱香味，深受人们的喜爱，具有广阔的市场前景。某兴趣小组按照图 2.101 所示的工艺流程制作红曲酱腐乳，请据图 2.101 回答以下问题。

毛霉→孢子悬浮液　　　　　红曲酱卤
豆腐→切块→接种→搓毛→腌坯→装坛→兑汤→发酵→成品

图 2.101　制作工艺流程

（1）在腐乳的制作过程中，毛霉等微生物产生的蛋白酶将豆腐中的蛋白质分解成＿＿＿＿＿＿＿＿和＿＿＿＿＿＿＿＿，＿＿＿＿＿＿＿＿将脂肪水解为甘油和脂肪酸。

（2）传统的制作过程中，豆腐块上生长的毛霉来自＿＿＿＿＿＿＿＿，而现代的腐乳生产是在严格的无菌条件下，将优良的毛霉菌种接种在豆腐上，这样可以＿＿＿＿＿＿＿＿
＿＿＿＿＿＿＿＿＿＿＿＿＿＿＿＿＿＿＿＿＿＿＿＿＿＿＿＿＿＿＿＿＿＿＿＿＿＿。

（3）搓毛是将长满菌丝的白坯用手涂抹，让菌丝裹住坯体，其目的是＿＿＿＿＿＿＿＿
＿＿＿＿＿＿＿＿＿＿＿＿＿＿＿＿＿＿＿＿＿＿＿＿＿＿＿＿＿＿＿＿＿＿＿＿＿＿。

（4）在逐层加盐腌坯的过程中，随层数的加高而＿＿＿＿＿＿＿＿盐量，接近瓶口处要＿＿＿＿＿＿＿＿铺一些。

（5）红曲酱卤是红曲、面酱、黄酒按一定的比例配制而成的，加入黄酒的作用是＿＿＿＿＿
＿＿＿＿＿＿＿＿＿＿＿＿＿＿＿＿＿＿＿＿＿＿＿＿＿＿＿＿＿＿＿＿＿＿＿＿＿＿。

3. 著名的古农书巨著《齐民要术》中详细介绍了北魏时期酸菜、泡菜的制作方法。酸菜、泡菜是一种可口的食物，其制作原理均利用了微生物的发酵作用。回答下列问题。

（1）酸菜和泡菜主要是利用＿＿＿＿＿＿＿＿的发酵作用产生了＿＿＿＿＿＿＿＿等物质。

（2）在泡菜坛腌制泡菜的过程中，其他杂菌呈现先增多后减少的变化规律，原因是
＿＿＿＿＿＿＿＿。腌制 7 天内的泡菜一般不宜食用，原因是＿＿＿＿＿＿＿＿＿＿＿＿＿。

（3）人工接种菌种有利于缩短泡菜的发酵周期，降低有害物质含量。某同学为获得优良的泡菜菌种，选取不同来源的陈泡菜液，加入＿＿＿＿＿＿＿＿对其进行梯度稀释后，再采用
＿＿＿＿＿＿＿＿法将其接种于含溴甲酚紫（一种酸碱指示剂，pH 值变色范围：5.2 黄色～6.8 紫色）的平板上，特定条件培养后挑选具有明显黄色透明圈的菌落作为目的菌种。该方法用于初筛目的菌的原理是＿＿＿＿＿＿＿＿＿＿＿＿＿＿＿＿＿。从功能上讲，含溴甲酚紫的培养基属于＿＿＿＿＿＿＿＿培养基。

第三章　日用生物学

21 世纪，生物科学技术得到了飞速发展。在国家提倡低碳出行、绿色生活的环境下，人们也越来越注重健康的生活方式。在人们的日常生活中，处处可见生物科学技术的影子，生物科学技术与人们的生活紧密相连，对人们的生活质量及社会发展都有着很大的影响。

本章将从一些现实生活应用实例出发，创客们在艾草薄荷膏、薄荷驱蚊水、玫瑰纯露、芦荟胶、简易防疫香囊、便携香皂纸、叶脉书签、腊叶标本、蝴蝶赏花、水晶、天然色素等日用品制备过程中学习微改造、错位、模仿等创新方法，拓展视野并掌握日用生物工程技术，同时把抽象的生物学知识变为形象具体的趣味创客活动，让创客们尽快掌握日用中的生物学基础知识，从而培养创客们的科学素养、技术素养、工程素养与数学素养，全面提升创客们的综合实践创新能力。

本章主要项目

➢ 艾草薄荷膏的制作
➢ 薄荷驱蚊水的制作
➢ 玫瑰纯露的制作
➢ 芦荟胶的制作
➢ 简易防疫香囊的制作
➢ 便携香皂纸的制作
➢ 叶脉书签的制作
➢ 腊叶标本的制作
➢ 蝴蝶赏花的制作
➢ 水晶的种植
➢ 天然色素的提取

第一节　艾草薄荷膏的制作

知识链接

早在古代，人们对中草药膏治疗各种疾病就有广泛的研究。艾草薄荷膏属于中草药膏中的一种，具有消炎止肿、驱蚊的功效。《本草纲目》中称其为"草医"，可全草入药，有温经、去湿、散寒、止血、消炎、平喘、止咳、安胎、抗过敏等作用。艾草的有效成分主要为挥发油，可采用煎煮、萃取等方法提取。

艾草（学名：Artemisia argyi Levl.et Vant），是菊科、蒿属植物，多年生草本或略成半灌木状，植株有浓烈香气。主根明显，略粗长，直径达 1.5 cm，侧根多。茎单生或少数，高 80～150（-250）cm。叶厚纸质，上面灰白色短柔毛，并有白色腺点与小凹点。头状花序椭圆形，直径 2.5～3（-3.5）mm，无梗或近无梗。瘦果长卵形或长圆形。花果期 7～10 月。全草入药，有温经、去湿、散寒、止血、消炎、平喘、止咳、安胎、抗过敏等作用。艾叶晒干捣碎得"艾绒"，制艾条供艾灸用，又可作"印泥"的原料。此外，全草作杀虫的农药或薰烟作房间消毒、杀虫药。嫩芽及幼苗作菜蔬。艾草晒干粉碎成艾蒿粉，还可以做天然植物染料使用。民间认为艾草还有辟邪、招百福的作用，端午期间挂艾草于门上，相沿成习，遂成端午风俗。

薄荷为唇形科多年生草本，薄荷具有食用和药用价值，食用主要是薄荷的茎叶。薄荷可全草入药，有治感冒发热、喉痛、头痛、目赤痛、肌肉疼痛、皮肤风疹瘙痒等症，薄荷的有效部位主要为其挥发油成分。

药膏由药物加适量赋形剂（如凡士林等）调制成膏剂。不同的药物组成的药膏，如冬青油膏、野葛膏、华伦虎骨膏等，其功效各有不同，由药不同而异。艾草薄荷膏也不例外，主要是由艾叶与薄荷加适量的赋形剂调制而成的药膏。

项目任务

尝试制作艾草薄荷膏。

探究活动

所需器材：50 g 新鲜艾草叶、50 g 新鲜薄荷叶、100 mL 山茶油、30 g 蜂蜡、洗菜盆、碎肉机、保鲜盒、炖锅、纱布、杯子等。

探究步骤

（1）摘取新鲜艾草叶和薄荷叶各 50 g，如图 3.1 所示，洗干净晾干，如图 3.2 所示，也可用吸水纸吸干，如图 3.3 所示。

（2）将薄荷叶和艾草叶放入碎肉机搅碎，如图 3.4 所示。

图 3.1 艾草叶和薄荷叶

图 3.2 冲洗

图 3.3 吸水纸吸干

图 3.4 搅碎薄荷叶和艾草叶

（3）倒入保鲜盒，加入 100 mL 的山茶油或者初榨橄榄油，如图 3.5 所示，没过艾草和薄荷，包上保鲜膜和盖上盖子，如图 3.6 所示，然后放入冰箱冷藏 1～2 天。

（4）取出，隔水炖 2 h 或者隔水蒸 2 h，如图 3.7 所示，经 2 h 炖煮后，如图 3.8 所示。

图 3.5 加入山茶油

图 3.6 密封

图 3.7 隔水炖

（5）将艾草和薄荷放凉，用纱布过滤，如图 3.9 所示，滤液静止 6 h，取上层油层，如图 3.10 所示。

图 3.8 炖煮后的艾草和薄荷

图 3.9 过滤艾草和薄荷

（6）加蜂蜡隔水煮至蜂蜡融化，如图 3.11 所示，趁热装瓶，如图 3.12 所示，然后冷却凝固。

图 3.10 取油层

图 3.11 加蜂蜡熬煮

图 3.12 装瓶

想一想

1. 为什么要进行隔水炖煮 2 h？
2. 蜂蜡的作用是什么？

温馨提示

1. 艾草薄荷膏制作过程注意用刀用火安全，例如使用煤气灶进行蒸煮，请全程戴防烫手套，防止烫伤。

2. 艾草薄荷膏为外用药物，请勿食用。

成果展示

制作成功的艾草薄荷膏如图 3.13～图 3.15 所示。你可以让身边的亲戚、朋友来试用你的产品，分享你的成果。

图 3.13　未冷却艾草薄荷膏

图 3.14　冷却

图 3.15　艾草薄荷膏

思维拓展

思考在该项目中使用什么方法提取艾草和薄荷中的挥发油？请你查阅资料，了解药膏制作的传统方法，结合本项目的制作方法，并参考图 3.16 所示的艾草薄荷膏创新思路示意图进行拓展设计。

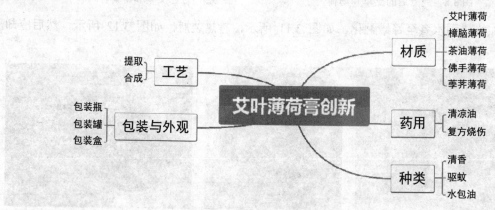
图 3.16　艾草薄荷膏创新思路示意图

想创就创

上海中华药业南通有限公司的赵永国发明了一种薄荷膏及其制备工艺，其获得国家专利：ZL201510071443.4。

本发明公开了薄荷膏由以下重量份的原料组成：薄荷脑 150～170 份；樟脑 90～110 份；水杨酸甲酯 90～110 份；桉油 50～70 份；玫瑰油 90～110 份；石蜡 170～190 份；地蜡 2～4

份；白凡士林 236～358 份。本发明还公开了薄荷膏制作工艺。该发明的产品可用于解决预防冻伤及皮肤粗糙的问题，具有活血化瘀、通经活络、消肿祛寒、止痒生肌、手足裂口愈合和创伤恢复的作用，适用于各种程度冻疮、红肿、痒、溃烂，具有防冻、治冻、消肿、生肌、止痒、止裂的作用，是一种可以适合四季所用，冬天可以替代防冻霜的产品。

请大家下载该专利技术方案并认真阅读，找出它的创意和创新点，然后想想有什么启发。请结合艾草薄荷膏的制作方法，尝试为自己制作一种中草药膏。

第二节　薄荷驱蚊水的制作

知识链接

驱蚊水又称作"蚊怕水"，涂抹在皮肤上可以缓解蚊虫叮咬的疼痛，也可以起到驱赶蚊虫的功效。驱蚊水的成分主要是驱蚊胺和酒精，只要涂抹于人体皮肤表面就可以起到驱蚊的效果。

薄荷，拉丁学名是"Mentha haplocalyx Briq."，土名叫作"银丹草"，为唇形科植物，即同属其他干燥全草。它多生于山野湿地河旁，根茎横生地下，也多生于 2100 m 海拔高度，但也可在 3500 m 海拔上生长，是一种有特种经济价值的芳香作物。全株青气芳香，叶对生，花小淡紫色，唇形，花后结暗紫棕色的小粒果。薄荷是中华常用中药之一。它是辛凉性发汗解热药，治流行性感冒、头疼、目赤、身热、咽喉肿痛、牙床肿痛等症，外用可治神经痛、皮肤瘙痒、皮疹和湿疹等。薄荷味道清香，具有提神醒脑功效，同时具有驱蚊和止痒功效。

薄荷油的性质比较稳定，沸点高，容易挥发，可以通过蒸馏法和萃取法进行提取。蒸馏法比较烦琐，需要蒸馏装置，而萃取法较为简单，适合家庭制作。萃取法是利用溶质在互不相溶的溶剂里溶解度的不同，用一种溶剂把溶质从另一溶剂所组成的溶液里提取出来的操作方法。萃取薄荷油可使用无水酒精或者 75% 的酒精。

薄荷驱蚊水就是将薄荷植物叶、茎或果实等捣碎，通过蒸馏法和萃取法进行提取薄荷油并放入对应比例的无水酒精或者 75% 的酒精，达到驱蚊效果。其优势在于可在室外活动或劳作时使用。除薄荷外，驱蚊植物最常见的还有大蒜、大豆、胡椒、大葱、黄樟、印楝种子、鱼藤、烟叶、桑橙、假荆芥、逐蝇梅等提取物，以及桂皮油、丁香油、水杨酸甲酯、桉叶油、薄荷油、香柏油、薰衣草油、樟脑油、橄榄油、香茅油、柠檬桉油、柠檬油、茴香油、野菊花油等精油，它们主要分布在柏科、木兰科、樟科、芸香科、伞形花科、唇形花科、姜科、菊科、桃金娘科、龙脑科和禾本科等科。不同地区使用的驱蚊植物不同，但主要以当地分布的富含桉油精、芳樟醇、月桂烯、丁子香酚、蒎烯和麝香草酚等成分的植物为主。叶是最常用的驱蚊植物部位，直接燃烧植物烟熏和室内悬挂新鲜植株为民间最普遍使用的植物驱蚊方式。

项目任务

1．了解薄荷的功效。
2．掌握薄荷驱蚊水的制作方法。

探究活动

所需器材：500 g 新鲜薄荷、无水酒精或 75% 的酒精、玻璃密封罐、喷雾瓶、刀、砧板、洗菜盆。

探究步骤

（1）清洗新鲜薄荷，如图 3.17 所示，晾干并剪碎，如图 3.18 所示，薄荷叶要尽量切细，增加薄荷叶与酒精的接触面积，提高萃取率。

图 3.17　清洗晾干薄荷

图 3.18　切碎薄荷叶

（2）将切碎的薄荷叶装瓶，倒入无水酒精，如图 3.19 所示，没过薄荷叶，家庭制作可用 75%的酒精，然后密封，如图 3.20 所示。

图 3.19　倒入酒精

图 3.20　装瓶密封

（3）七天后萃取后的薄荷如图 3.21 所示，过滤出薄荷液，加入凉开水，滤液与凉开水比例为 3∶7，如图 3.22 所示。如果使用的是 75%的酒精，滤液和凉开水的比例为 1∶5。装入喷雾瓶后，薄荷驱蚊水制作就完成了。

图 3.21　萃取后的薄荷

图 3.22　稀释薄荷滤液

想一想

1. 如何增大薄荷油的萃取率？
2. 使用无水酒精过程中要注意什么？

温馨提示

1. 薄荷驱蚊水制作过程注意用刀安全，防止割伤。
2. 薄荷驱蚊水为外用药物，请勿食用。
3. 薄荷驱蚊水带有酒精，请不要过量使用和对着面部喷洒。
4. 薄荷驱蚊水带有酒精，使用时请勿接近火源，防止火灾。

成果展示

图 3.23　薄荷驱蚊水

制作成功后的薄荷驱蚊水，装入喷雾瓶后如图 3.23 所示。你可以让身边的亲戚、朋友来观看，分享你的成果。

思维拓展

除薄荷具有驱蚊功效外，还有什么植物具有驱蚊功效？除此之外，我们还可以对薄荷驱蚊水制作过程做哪些方面的创新？如图 3.24 所示。

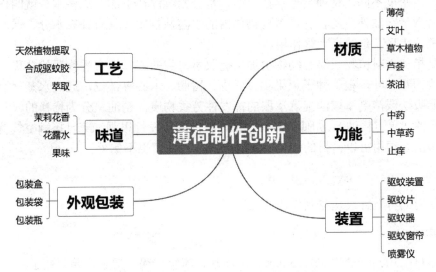

图 3.24　薄荷驱蚊水创新思路示意图

想创就创

潮州的陈理敬发明了一种驱蚊水，其获得国家专利：ZL201310444090.9。

本发明涉及一种驱蚊水，该驱蚊水由薰衣草萃取液、薄荷萃取液、梅片、天然香精、酒精及蒸馏水六种成分组成。该驱蚊水采用常见的天然材料制成，具有驱蚊、避蚊效果，而且无色，使用时既可直接涂擦在皮肤上，也可洗澡时滴适量于洗澡水里面，还可少量喷洒于衣服上，均可保持数小时的驱蚊功效，具有多用途和使用灵活的优点。

请大家下载该专利技术方案并认真阅读，说一说它的创意和创新点，然后想想有什么启发。结合本专利技术创新方法，尝试用薄荷叶、艾草和金银花制作驱蚊花露水，对比薄荷驱蚊水的驱蚊功效。

第三节　玫瑰纯露的制作

知识链接

纯露（又称作水精油，hydrolat），是指精油在蒸馏萃取过程中留下来的水，是精油的一种副产品，是在提炼精油过程中分离出来的一种 100%饱和的纯露，成分天然纯净，香味清淡怡人。植物精油在蒸馏的过程中，油水会分离，在蒸馏后的精油液中，还会留下一些水分，因为密度不同，精油会漂浮在上面，水分会沉淀在下面，这些水分就叫作纯露。纯露中含有微量的酸与脂类物质，化学结构与一般纯水不同，对身体调理很有帮助。纯露中除含有微量精油外，还含有许多植物体内的水溶性物质，这些都是一般精油中所缺乏的东西。在蒸馏的过程中，水不断地流过植物组织，将组织中大量的水溶性物质溶出。因此，纯露的特性和精油虽然很接近，但不完全相同。

玫瑰纯露又称作玫瑰水精油，是玫瑰花瓣蒸馏所得的冷凝水溶液。在蒸馏萃取过程中油水会分离，因密度不同，精油会漂浮在上面，水分则沉淀在下面，这些水分就叫作纯露。纯露中除含有微量精油外，还含有许多植物体内的水溶性物质，具有补充水分、保湿、快速消炎、抗过敏、止痒、延缓衰老等作用。

精油是指从香料植物或泌香动物中加工提取所得到的挥发性含香物质的总称。通常，精油是从植物的花、叶、根、种子、果实、树皮、树脂、木心等部位，通过水蒸气蒸馏法、冷压榨法、脂吸法或溶剂萃取法提炼萃取的挥发性芳香物质。精油又分为稀释的（复方精油）和未经稀释的（单方精油），如仙人掌种子油。精油的挥发性很强，一旦接触空气就会很快挥发，所以精油必须用可以密封的深色瓶子储存，玫瑰纯露也不例外。

项目任务

在家使用锅将新鲜玫瑰花制作成玫瑰纯露。

探究活动

所需器材：100 g 玫瑰花瓣、300 mL 纯净水、冰块、锅、架子、碗、瓶子。

探究步骤

（1）摘取新鲜玫瑰花瓣 100 g，如图 3.25 所示，清洗干净，如图 3.26 所示。

（2）加入 300 mL 的纯净水，浸泡半小时，如图 3.27 所示，然后将花瓣放入锅里，如图 3.28 所示。

图 3.25　新鲜玫瑰

图 3.26　清洗玫瑰花瓣

图 3.27　浸泡花瓣

（3）锅里垫一个架子，如图 3.29 所示，上面放一只碗，注意纯净水要低于碗的高度，如图 3.30 所示。

图 3.28 花瓣倒入锅里

图 3.29 放入架子

（4）倒盖锅盖，如图 3.31 所示，并铺上冰块，如图 3.32 所示。

图 3.30 放一只碗

图 3.31 倒盖锅盖

图 3.32 铺上冰块

（5）小火开始蒸馏，不断替换融化的冰块，如图 3.33 所示。约 40 min 之后揭开锅盖，将锅盖上的蒸馏水倒入碗中，如图 3.34 所示。

图 3.33 冰块融化

图 3.34 锅盖上的蒸馏水

（6）将碗中蒸馏好的玫瑰纯露凉至冷却，并分装至瓶子，如图 3.35 和图 3.36 所示。

图 3.35 蒸馏完成

图 3.36 将玫瑰纯露分装至瓶子

想一想

1．蒸馏法的原理是什么？
2．加入冰块的作用是什么？

温馨提示

1．纯露制作过程所有用具与环境必须消毒，达到国家化妆品加工安全要求。
2．制作的玫瑰纯露和玫瑰花茶严禁食用。
3．皮肤易过敏者，建议谨慎使用。

成果展示

制作出来的玫瑰纯露透明无色，如图 3.37 所示，有股淡淡的清香，可以用作爽肤水，起到保湿的作用，如图 3.38 所示。建议在一个月内使用完，每次用后要密封并放入冰箱。

图 3.37　玫瑰纯露（1）　　　　　图 3.38　玫瑰纯露（2）

思维拓展

玫瑰纯露与玫瑰精油的区别有哪些？二者分别如何制作？请你查阅资料，了解玫瑰纯露制作的传统方法，结合本项目的制作方法，并参考图 3.39 所示的玫瑰纯露制取创新思路示意图进行拓展设计。

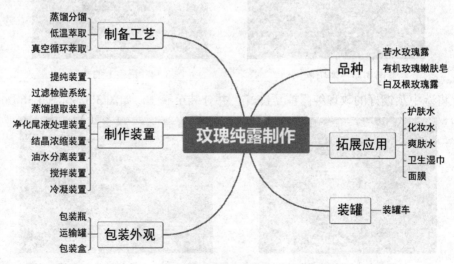

图 3.39　玫瑰纯露制取创新思路示意图

想创就创

衢州市展宏生物科技有限公司的胡宇宏发明了一种玫瑰纯露制取用提纯装置，其获得国家专利：ZL201720087046.0。

本发明公开了提纯设备技术领域的一种玫瑰纯露制取用提纯装置，包括箱体，箱体的底部左右两侧均安装有支腿，箱体的底部设置有玫瑰纯露出口，玫瑰纯露出口的内腔设置有阀门，箱体的顶部左侧设置有玫瑰纯露进口，箱体的右侧设置有电机，箱体的内腔设置有搅拌杆，箱体的内腔左侧设置有轴承座，搅拌杆的左端与轴承座连接，搅拌杆的右端贯穿箱体的右壁，通过搅拌杆的设置，可以将玫瑰纯露搅拌带动，使玫瑰纯露和杂物的活性变高，通过粗过滤筛和细过滤膜筛的分层过滤，将玫瑰纯露中的盐渣和玫瑰夹带的残渣等杂物过滤，使玫瑰纯露更精纯，此装置结构简单，提纯效果好，实用性强。

请大家下载该专利技术方案并认真阅读，找出它的创意和创新点，然后想想有什么启发。这种蒸馏方法同样可用于制作其他鲜花纯露，如茉莉花、薰衣草或桂花等。

第四节 芦荟胶的制作

知识链接

芦荟是多年生常绿草本植物，叶簇生、大而肥厚。芦荟品种众多，因为容易栽种，常被用作观赏植物，但有的芦荟品种还具有食用和药用的价值，如元江芦荟、库拉索芦荟等。芦荟叶入药，有清热、消炎的功效，而芦荟胶可用作外用药，在治疗烧伤、冻疮和青春期的痘痘等方面有不错的效果。

芦荟胶，顾名思义，就是从芦荟中萃取而成的胶状物。它是采用脱色芦荟凝胶冷冻干燥粉，由先进的"冷冻稳定法"从天然草本植物芦荟中提炼而成。芦荟胶具有一定的致敏率，所以使用前需要做敏感测试。

芦荟胶俗称"万能胶"，对割伤、牙痛、鸡眼、伤口溃烂、收敛皮肤、擦伤、口疮、美白、皮肤痒痒、皮肤开裂、烫伤、痔疮、暗疮、蚊虫叮咬、保湿滋润、烧伤、湿疹、雀斑、唇边溃烂、消炎杀菌、扭伤、冻疮、喉咙痛、防紫外线、肠胃不适等都有神奇的作用。可见，芦荟胶作为一个纯天然无污染的"万能胶"，在我们的生活中起到了不可忽视的作用。

项目任务

利用新鲜芦荟制作芦荟胶。

探究活动

所需器材：芦荟 300 g、清水 100 mL、琼脂粉 2 g、小刀、榨汁机、50 mL 烧杯、玻璃棒。

探究步骤

（1）选芦荟。尽可能选肉质比较肥厚的芦荟，洗干净，如图 3.40 所示。

（2）切刮芦荟。将芦荟的尖头和两侧切除，然后从中间对半劈开，如图 3.41 所示，再用刀将芦荟内部的鲜肉轻轻刮出，如图 3.42 所示。

图 3.40　芦荟

图 3.41　切芦荟

（3）浸泡芦荟。将芦荟白色的肉放入杯子中，加入 50 mL 清水，浸泡 1 h，如图 3.43 所示。

图 3.42　刮芦荟

图 3.43　浸泡芦荟

（4）搅拌过滤。将芦荟鲜肉倒入榨汁机搅拌，至生成细小泡泡，然后用滤网过滤，如图 3.44 所示，过滤之后得到的芦荟汁如图 3.45 所示。

图 3.44　过滤

图 3.45　芦荟汁

（5）加琼脂粉。称取 2 g 琼脂粉，如图 3.46 所示，加入 50 mL 清水搅拌，煮沸使之溶解，如图 3.47 所示。

图 3.46　称琼脂粉

图 3.47　搅拌

（6）制作芦荟凝胶。将溶解的琼脂粉倒入芦荟汁中，如图 3.48 所示，用玻璃棒轻轻搅拌至凝胶状，装入瓶中，密封保存并放置于冰箱内，如图 3.49 所示。

图 3.48　琼脂粉倒入芦荟汁中

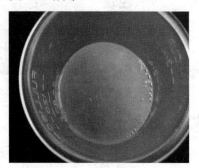
图 3.49　芦荟凝胶

想一想

1. 加琼脂粉的作用是什么？可以用什么替代吗？
2. 芦荟胶有什么用途？

温馨提示

1. 芦荟胶制作过程所有用具与环境必须消毒，达到国家化妆品加工安全要求。
2. 制作的芦荟胶仅作为药用，严禁食用。
3. 皮肤易过敏者，建议谨慎使用。

成果展示

经过冰冻后形成芦荟凝胶，如图 3.50 和图 3.51 所示。你可以让身边的亲戚、朋友来观看，分享你的成果。

图 3.50　芦荟凝胶

图 3.51　芦荟凝胶

思维拓展

在该项目中使用了什么方法提取芦荟胶？请您查阅资料，了解芦荟胶传统的应用方法，结合本项目的制作方法，并参考图 3.52 所示的芦荟胶创新思路示意图进行拓展设计。例如，芦荟胶可以用来做面膜，相信大家都是知道的，关键是怎么做才能有效果。芦荟胶补水保湿面膜怎么做？

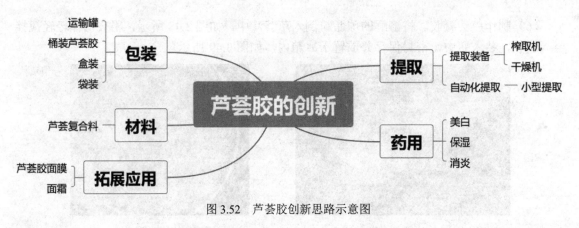

图 3.52　芦荟胶创新思路示意图

想创就创

江苏奇力康皮肤药业有限公司的吴克发明了一种保湿芦荟胶及其制备方法，其获得国家专利：ZL201410497908.8。

本发明公开了一种保湿芦荟胶及其制备方法，保湿芦荟胶包括以下重量份计的原料：芦荟 10～20 份、酒精 5～30 份、金莲花 30～40 份、鸡蛋花 20～60 份、尼泊金甲酯 15～30 份、十六醇 15～50 份、白油 10～30 份、胶凝剂 15～25 份、叶绿素 50～80 份、维生素 30～50 份、盐酸 20～55 份、苦杏仁粉 20～45 份、叶黄素 10～45 份、羊毛醇 15～55 份。保湿芦荟胶的制备方法是：将芦荟放入酒精中浸泡 5～7 h，用隔水蒸馏法回收酒精，溶液备用；将金莲花、鸡蛋花粉碎至 300～400 目，加入胶凝剂、叶绿素、维生素、盐酸、苦杏仁粉、叶黄素、羊毛醇，加热到 90～100℃，搅拌均匀；加入备用溶液，然后缓慢加入剩余组分，同一方向搅拌均匀。本发明的保湿芦荟胶保湿持久度更好，保湿利用率高。

请大家下载该专利技术方案并认真阅读，找出它的创意或创新点，然后想想有什么启发。请结合芦荟胶及其制备方法，尝试为自己制作一种芦荟面膜。

第五节　简易防疫香囊的制作

知识链接

香囊又名香袋、花囊。汉代《礼记》有云："男女未冠笄者……衿缨皆陪容臭。"容臭即香囊，说明汉代未成年的男女都是佩戴香囊的。香囊质地种类很多，有玉镂雕的、金累丝的、银累丝的、点翠镶嵌的和丝绣的。香囊一般制成圆形、方形、椭圆形、倭角形、葫芦形、石榴形、桃形、腰圆形、方胜形等，它是古代汉族劳动妇女创造的一种民间刺绣工艺品。

在新型冠状病毒疫情防控过程中，我国古代科学的珍宝——中医药学为我们做出了巨大的贡献。其中最令我亲身体会到的就是我们的中药抗疫香囊。中药香囊源自中医里的"衣冠疗法"，佩戴香囊是除中药、针灸、拔罐、熏蒸等方法外的另一种有效疗法。民间曾有"戴个香草袋，不怕五虫害"之说。佩戴香囊虽是一种民俗，但也是一种预防瘟疫的方法。香囊常用的是具有芳香开窍的中草药，如芳香化浊驱瘟的苍术、山柰、白芷、菖蒲、川芎、香附、辛夷等药，含有较强的挥发性物质。现代研究认为，中药香囊内的中药浓郁香味的散发，在人体周围形成高浓度的小环境，中药成分通过呼吸道进入人体，芳香气味能够兴奋神经系统，刺激鼻黏膜，使鼻黏膜上分泌型免疫球蛋白含量提高，不断刺激机体免疫系统，促进抗体的生成，对多种致病菌有抑制生长的作用，还可以提高身体的抗病能力。

中药香囊根据其功效不同，配方繁多，常用到的中药品种有藿香、麝香、沉香、檀香、降香、玫瑰花、藏红花、冰片、薄荷脑等，多具有辛香走串之性，功效有预防感冒、提神、驱蚊、防蛀、防疫等。

中医药学是中国古代科学的瑰宝，也是打开中华文明宝库的钥匙。几千年来，《黄帝内经》等中医经典代代相传，护佑着中国人的生命健康，这是一笔弥足珍贵的财富。作为中国人，我们感到无比的自豪和幸运，理应继承和保护好这份遗产。

项目任务

1．了解各种功效的中药香囊。
2．尝试用口罩制作一个简易的中药香囊。

探究活动

所需器材： 一次性医用口罩一个、针线、防疫香囊药粉。

探究步骤

（1）将口罩的两个耳绳剪下来，并将口罩折叠处打开，如图 3.53 所示。

（2）将口罩四边边沿剪掉后对半剪，如图 3.54 所示，可根据需要调整大小，留下制作香囊需要的材料，如图 3.55 所示。

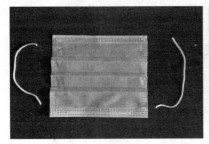
图 3.53　剪下口罩耳绳

图 3.54　剪下四边

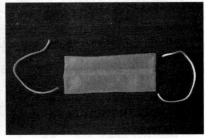
图 3.55　香囊需要的材料

（3）口罩里布向外进行缝线，如图 3.56 所示。

（4）将第一步剪下来的一根耳绳对折缝上作为香囊吊绳，如图 3.57 所示，将口罩翻面，如图 3.58 所示。

图 3.56　缝线

图 3.57　缝上吊绳

图 3.58　反面

（5）装入购买的防疫香囊药粉，用第一步剪下来的耳绳打上一个蝴蝶结，防疫香囊就完成了，如图 3.59 所示。

想一想

1. 香囊制作布料有什么要求？
2. 口罩布可否作为香囊布料？药香是否能散发出来？

温馨提示

香囊制作过程需使用剪刀和针，请注意安全使用。

成果展示

制作成功的香囊如图 3.60 所示。你可以让身边的亲戚、朋友来观看，分享你的成果。

图 3.59　简易防疫香囊完成

图 3.60　香囊

思维拓展

请上网查阅资料，了解防疫香囊药粉可由什么药材组成，各种药材的功效是什么？我们还可以对香囊制作过程做哪些方面的创新？如图 3.61 所示。

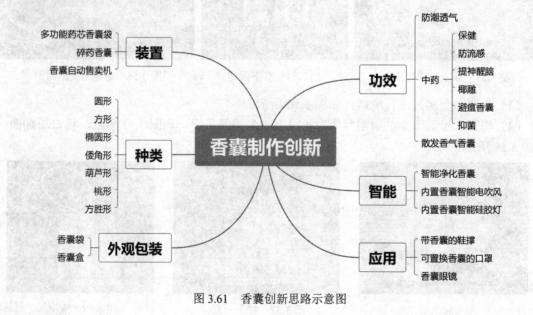

图 3.61　香囊创新思路示意图

想创就创

枣庄泽远贸易有限公司的吴长潮发明了一种中药保健香囊，其获得国家专利：ZL202020842041.6。

本发明公开了一种中药保健香囊，香囊上设有第一拉绳，香囊内设有多个布袋，香囊的侧壁上设有多个通孔，香囊的侧壁上固定连接有多个母扣，多个布袋均设有第二拉绳，香囊的内底部上固定连接有塑料筒，塑料筒的侧壁上设有多个通气孔，塑料筒的侧壁上固定连接有电池筒，塑料筒内设有吹风机构，吹风机构与电池筒电性连接。本发明可以更换香囊中的某一种药材，进一步地方便了使用人员更换药材，并且装置通过扇叶转动，进一步把滞留在香囊中的气体抽出到外界，间接地提高了香囊的理疗效果。

请大家下载该专利技术方案并认真阅读，找出它的创意和创新点，然后想想有什么启发。结合以上香囊制作方法，请尝试用口罩制作一个三角形粽子香囊。

第六节　便携香皂纸的制作

知识链接

在日常生活中，香皂可以说是中国家庭使用最多的产品之一，从最开始的上海硫黄皂到经典的舒肤佳，再到后来的各类手工皂，可谓是数不胜数。香皂是由脂肪、油脂（添加植物油脂为主）及盐组成的 pH 值为 $9.5\sim10$ 的碱盐，是最简单的阴离子表面活性剂，通过形成皂盐乳化皮肤表面物质而去污。与肥皂比较，香皂碱性低，脂肪含量高，对皮肤的刺激性小于肥皂。

便携香皂纸，顾名思义，是方便携带的香皂纸，通常先把香皂切碎后放在罐里，盛上适量的水后，把杯子放在炉上加热，等香皂融化后，将白纸裁成火柴盒大小，一张张涂透皂液，再取出阴干就成了香皂纸。解决了传统的香皂和洗手液体积大，不方便携带的弊端，它将香皂的精华和清洁能力浓缩在一张小绵纸上。这样的小面纸可以随意地放在盒子、袋子里，出门在外不用担心找不到洗手液而烦恼。

项目任务

1. 掌握便携香皂纸的制作原理。
2. 掌握便携香皂纸的制作过程。

探究活动

所需器材：香皂 1 块、面膜纸（可使用硫酸纸）、烧杯 1 个、玻璃棒 1 根、铁架台 1 个、酒精灯 1 个、火柴 1 根、小刀、滤纸、培养皿适量。

探究步骤

（1）将香皂切碎，如图 3.62 所示，加大受热面积，使香皂加快融化。

（2）将切好的香皂放入烧杯中，加入少量的水（没过香皂碎即可），然后用火柴点燃酒精灯，将烧杯放在铁架台上进行加热，如图 3.63 所示。家庭制作可使用奶锅。

图 3.62　香皂切碎图

图 3.63　加热香皂

（3）用玻璃棒搅拌至香皂完全融化，如图 3.64 所示；加入面膜纸（可使用硫酸纸或者其他吸水性较好的绵纸），将酒精灯熄灭，静置 3～5 min 稍微冷却，如图 3.65 所示。

图 3.64　加速融化香皂

图 3.65　加入绵纸

（4）用镊子将绵纸取出，如图 3.66 所示；晾干，如图 3.67 所示。

图 3.66　取出香皂纸

图 3.67　晾干香皂纸

想一想

1．便携香皂纸有什么使用优点？
2．是否可制作各种功效的便携香皂纸？

温馨提示

便携香皂纸制作过程注意用刀、用火安全，例如使用酒精灯，请全程戴防烫手套，防止烫伤。

成果展示

制作成功的便携香皂纸如图 3.68 所示。你可以让身边的亲戚、朋友来观看，分享你的成果。

思维拓展

请调查便携香皂纸在周边的应用市场。请你查阅资料，了解香皂纸的传统制作方法，结合本项目的制作方法，并参考图 3.69 所示的香皂纸创新思路示意图进行拓展设计。

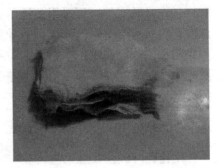

图 3.68　晒干的香皂纸

图 3.69　香皂纸创新思路示意图

想创就创

天津的王菁发明了一种香皂纸，其获得国家专利：ZL201420851152.8。

一种香皂纸包括纸层和香皂料层，其特征在于：纸层的上下两面均匀覆盖香皂料层，纸层的大小规格为长 4 cm、宽 3 cm、厚度 1 mm，使用时稍加水润湿即可。本发明与现有技术相比，具有显著的优点和有益效果：纸层的上下两面均匀覆盖香皂料层，纸层的大小规格为长 4 cm、3 cm、厚度 1 mm，上述香皂纸可随身携带，特别适合外出旅游或者出差的人，使用时稍加水润湿，用完扔掉即可，原料易得，制作过程简单。

请大家下载该专利技术方案并认真阅读，说一说它的创意和创新点，然后想想有什么启发。结合以上专利技术创新方法，请尝试用自己喜欢的香味和功能的香皂制造各种形状和颜色的便携香皂纸。

第七节　叶脉书签的制作

知识链接

叶脉书签就是将叶片的表皮和叶肉组织除去，而只留下叶脉做成的书签。双子叶植物在叶片中间有一条明显的主脉，主脉分出侧脉，侧脉再分枝形成细脉，最小的细脉互相连接形成网状。植物的叶脉由坚韧的纤维素构成，在碱液中不易煮烂，而叶脉四周的叶肉组织在碱液中容易煮烂。将叶肉组织刷掉便可以得到网状的叶脉，再把叶脉染成各种颜色，即做成漂亮的叶脉书签了。

　　制作叶脉书签，可采用最简单的水泡法，就是将树叶用水泡上一周到两周时间，使其自然腐烂，然后用废弃的牙刷顺着叶脉的方向刷干净腐烂的叶肉，即可制成精美的叶脉书签。如果想加快速度，可在水中加入一些碱性的洗浴用品。将做好的叶脉书签染上颜色，再拿到照相馆过塑，会使书签变得更加精美，也适合用作书签，更适合赠给亲友，礼虽小，但也极招人喜爱。

项目任务

　　用桂花叶制作叶脉书签。

探究活动

　　所需器材：桂花叶、烧杯、10%的氢氧化钠、清水、酒精灯、火柴、铁三脚架、石棉网、牙刷、颜料、旧报纸。

　　探究步骤

　　（1）将桂花叶放入烧杯中，如图 3.70 所示，用氢氧化钠溶液加热 2 h，如图 3.71 所示。

图 3.70　将桂花叶放入烧杯中　　　　　图 3.71　用氢氧化钠溶液加热

　　（2）加热完之后，将桂花叶的叶肉组织用牙刷顺着叶脉的方向刷掉，如图 3.72 所示，刷好的叶脉如图 3.73 所示。

　　（3）将叶脉放入盛有颜料的烧杯中，给叶脉上色，如图 3.74 所示。最后用旧报纸将多余的颜料和水分吸干。

图 3.72　用牙刷刷掉叶肉组织　　　图 3.73　刷好的叶脉　　　图 3.74　叶脉上色

想一想

1. 应该选用怎样的叶子用来制作叶脉书签？
2. 氢氧化钠溶液的作用是什么？

温馨提示

1. 氢氧化钠具有强碱性，腐蚀性极强，制作过程中可佩戴橡皮手套，穿防护服，戴护目镜等。

2. 酒精灯使用安全事项：添加酒精时，不超过酒精灯容积的 2/3；绝对禁止向燃着的酒精灯里添加酒精，以免失火；绝对禁止用酒精灯引燃另一只酒精灯，要用火柴点燃；用完酒精灯，必须用灯帽盖灭；不要碰倒酒精灯，万一洒出的酒精在桌上燃烧起来，应立即用湿布或沙子扑盖。

成果展示

把处理好的叶脉用塑封机塑封，可以保存得更久，如图 3.75 所示。你可以让身边的亲戚、朋友来观看，分享你的成果。

图 3.75 叶脉书签

思维拓展

在大自然中，叶片掉落在地面上之后，土壤中的微生物（如一些细菌、真菌等）会将叶肉组织分解，也会只剩下叶脉，过了更长时间，叶脉也会被分解掉，化为养分回到土壤中。结合本项目的制作方法，参考图 3.76 所示的叶脉书签创新思路示意图进行拓展设计。

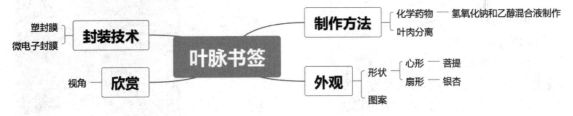

图 3.76 叶脉书签创新思路示意图

想创就创

江苏工程职业技术学院的汪智强、魏佳发明了一种具有剪影效果的叶脉书签的制作方法，其获得国家专利：ZL201610436733.9。

本发明公开了一种具有剪影效果的叶脉书签的制作方法，其特征在于：经过原材料的选择、预处理、制作模板、上蜡、叶肉分离处理和脱蜡步骤，完成叶脉书签的制作。本发明的优点在于：可以通过制作不同图像的模板进行镂空处理，从而实现对本发明的不同图像的塑造，图像精致，并且图像的模板可以实现多次循环利用，减少了不必要成本的浪费。本发明选用纯天然的树叶，取材环保，自然美观，纯天然无污染。

请大家下载该专利技术方案并认真阅读，找出它的创意或创新点，然后想想有什么启发。利用洗衣粉水的碱性作用腐蚀叶肉，也可以得到叶脉书签。

第八节 腊叶标本的制作

知识链接

标本是动物、植物、矿物等实物经过各种处理，令之可以长久保存，并尽量保持原貌，借以提供作为展览、示范、教育、鉴定、考证及其他各种研究之用。标本处理方法可以采取整个个体（甚至多个个体，如细菌、藻类等微生物，或像真菌等个体小且聚生一处者），或是一部分成为样品，经过如物理风干、真空、化学防腐等处理可制成。

腊叶标本又称作压制标本，是干制植物标本的一种。采集带有花、果实的植物的一段带叶枝，或带花或果的整株植物体，经在标本夹中压平、干燥后，装贴在台纸上，即成腊叶标本，供植物分类学研究使用。

大叶紫薇，千屈菜科，别称大花紫薇，拉丁学名为 Lagerstroemia speciosa，是落叶乔木。枝叶茂密，开花华丽，常用作行道树、园景树。叶互生或近对生，片革质，椭圆形或卵状椭圆形，稀披针形，长 10～25 cm，宽 6～12 cm；花淡红色或紫色，直径 5 cm；蒴果倒卵形或球形，长 2～3.8 cm，直径约 2 cm。

项目任务

利用大叶紫薇枝条制作腊叶标本。

探究活动

所需器材： 大叶紫薇枝条、旧报纸、标本夹、标签纸。

探究步骤

（1）采集植物。尽可能选择茎、叶、花、果都齐全的枝条，这样能保证标本的完整性，如图 3.77 所示。

（2）处理植物。将植物的污泥去掉，将植物上的枯叶子去掉，多余的枝叶可以去除，叶子需要有正反面，这样能利于保持植物标本的观赏性，如图 3.78 所示。

图 3.77　大叶紫薇枝条

（3）压制植物。在桌子上摆上一张干净、干燥的纸张，将植物放在纸张上，在植物上覆盖一张纸张，如图 3.79 所示。用标本夹将植物枝条压平，并拿到太阳底下晒，如图 3.80 所示。

（4）定期换纸。可以每隔几天更换一次吸水纸，从而使标本干燥一些，如图 3.81 所示。大约 10 天之后，植物标本就制成了，如图 3.82 所示。

（5）标签记录。植物标本制作好之后，可以挂上标签，在标签上注明采集的地点、日期，还要注明采集人的姓名，并且标签上要详细记录植物的情况，如植物的生长环境、植物的形态特征，这样标本后期能有翻阅、研究的意义，如图 3.83 和图 3.84 所示。

图 3.78 处理枝条

图 3.79 压制植物

图 3.80 晒干标本

图 3.81 换纸

图 3.82 植物标本（1）

图 3.83 植物标本（2）

> 科名：千屈菜科
> 种名：大叶紫薇 拉丁学名：lagetstroemia speciosa
> 采集地：广州空港实验中学 采集日：2021年4月8日
> 环境：庭院栽培
> 性状：落叶乔木 高度：15m
> 采集人：黄丽娟 采集号：001

图 3.84 标签记录

想一想

1. 有什么方法可以使标本快速干燥？
2. 为什么要尽量选茎、叶、花、果都齐全的枝条？

温馨提示

1. 采集标本时，应注意安全并做好个人防护，服装尽量选长裤长袖，防止树枝划伤以及蚊虫叮咬，鞋子选择防滑性好的。

2. 尽量不去不熟悉的地方，外出时最好几人结伴同行，做好相应的急救准备。

3. 有的植物有毒或会致命，如蝎子草、漆树等，请勿采集。

成果展示

制作成功的植物标本如图 3.83 所示。你可以让身边的亲戚、朋友来观看，分享你的成果。

思维拓展

如果采集的植物不认识，要尽量采集茎、叶、花、果等都齐全的枝条，并且拍下照片，回去查找资料或找专家鉴定。另外，我们还可以对植物标本制作过程做哪些方面的创新？如图 3.85 所示。

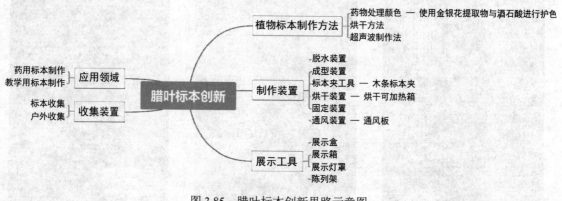

图 3.85　腊叶标本创新思路示意图

想创就创

云南省烟草农业科学研究院的方敦煌、莫笑晗、晋艳、宋春满、秦西云、余清等人发明了一种烟叶原色腊叶标本的制作方法，其获得国家专利：ZL201110209776.0。

本发明提供了一种烟叶原色腊叶标本的制作方法，包括定型、定色、干燥、回潮等步骤，定型主要采取吸水纸、吸湿剂、吸水纸、标本依次叠放于标本夹中，按此方式依次叠放多层（优选 5～8 层）标本；再经 45～55℃环境下恒温定色 15～18 h；在 55～65℃环境下恒温干燥 3～6 h；连同吸水纸和标本一同在相对湿度大于 70%的室温环境下回潮处理 6～12 h，得到原色腊叶标本。本发明方法制作标本更快速，比常规压制法缩短了 6～8 天的时间，保色效果好，在标本保存期内，颜色保持不变；含水量控制在 8%～10%内，防止了标本脆裂，维持了标本的完整性。本发明特别适合烟叶原色蜡叶标本制作，对保存病害烟叶的原始形状、色彩特别有利，大大提高标本的科研价值和经济性。

请大家下载该专利技术方案并认真阅读，找出它的创意或创新点，然后想想有什么启发。你还可以采集矮小的草本植物制作标本，要连根掘出，注意不能选择有病害、不健壮的植物。没有标本夹的话，可以用厚的书本代替。

第九节　蝴蝶赏花的制作

知识链接

蝶，通称为"蝴蝶"，蝴蝶的身体分为三大部分，即头部、胸部和腹部，另外还有两对翅和三对足。在头部有一对锤状的触角，触角端部加粗。蝴蝶的翅比较宽大，停歇时翅竖立在背部，身体和翅被扁平的鳞状毛覆盖，腹部瘦长。蝴蝶的足是步行足，每条腿顶端都有一对钩子，可以让自己牢固地抓住物体。口器是下口式，蝶类成虫吸食花蜜或腐败液体。

全世界的蝴蝶大约有 14 000 余种，大部分分布在美洲，尤其在亚马孙河流域品种最多，在世界其他地区，除南北极寒冷地带外，都有分布，在亚洲中国台湾也以蝴蝶品种繁多著名。蝴蝶一般色彩鲜艳，翅膀和身体有各种花斑，头部有一对棒状或锤状触角（这是和蛾类的主要区别，蛾的触角形状多样）。最大的蝴蝶展翅可达 24 cm，最小的蝴蝶展翅只有 1.6 cm。大型蝴蝶非常引人注意，专门有人收集各种蝴蝶标本，在美洲"观蝶"迁徙和"观鸟"一样，成为一种活动，吸引许多人参加。有许多种类的蝴蝶是农业和果木的主要害虫。

蝴蝶赏花其实就是蝴蝶花标本。蝴蝶标本不但美观，而且便于认识蝴蝶的形态结构。蝴蝶标本的采集、制作过程也很有讲究，需要使用合适的工具和方法。

首先，采集蝴蝶标本要用捕虫网，捕捉时要紧握网柄，将网口迎面对着昆虫，然后用网迎头一兜。待虫入网，应该急速扭转网口，使网底叠到网口上方，昆虫便不会逃脱了。

其次，捕捉到昆虫后要放到三角纸包中，这样可以防止翅上的鳞片脱落。接着放入消毒瓶，杀死蝴蝶。

最后，将彩绘的蝴蝶制成标本，需要进行针插、展翅、保存三项工作。第一项工作是针插，从消毒瓶里取出毒死的蝴蝶，用昆虫针插起来，针插的部位有严格的要求，要插在蝴蝶的中胸正中央。针的方向应与虫体垂直。针上端留出针长的 1/5 左右。第二项工作是展翅，把蝴蝶固定在展翅板上，将翅展平，使左右四翅对称。然后用纸条压在两对翅上，纸条两端用针固定。再将触角和足加以整理，放在通风的地方，防止阳光直射。待虫体完全干燥后取下。第三项工作是保存，把制成的昆虫标本放在昆虫盒里。插放时需要排列整齐、匀称。标本的下方要标上标签，标签上写明采集地点、采集时间和采集者姓名。盒内必须放入樟脑，以防虫蛀。

项目任务

捕捉蝴蝶，制作蝴蝶标本，并用蝴蝶创造一幅蝴蝶赏花图。

探究活动

所需器材：捕虫网、昆虫针、镊子、展翅板（硬泡沫）、压翅条（纸条）、A4 纸、铅笔、画笔、颜料。

探究步骤

（1）捕捉蝴蝶。用捕虫网捕捉蝴蝶，不要弄伤蝴蝶，如图 3.86 所示。

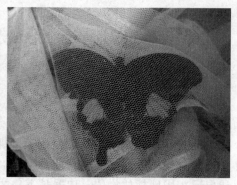

图 3.86　捕捉蝴蝶

（2）插针展翅。用镊子将蝴蝶放至展翅面板，胸背中央对准展翅板槽，如图 3.87 所示；整理蝶翅蝶形，用两条压翅条分别将蝴蝶两侧的前翅和后翅固定住，有的蝴蝶后翅比较大，可以再多用一条压翅条，同时用昆虫针将压翅条固定在展翅面板上，从而使虫体背面与展翅面板平行，如图 3.88 所示。

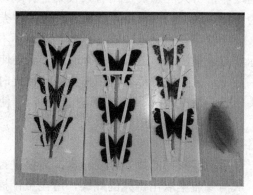

图 3.87　蝴蝶展翅（1）　　　　　　　　　图 3.88　蝴蝶展翅（2）

（3）画花朵装饰。用铅笔画出花的形状，如图 3.89 所示，并涂上颜色，如图 3.90 所示。

图 3.89　画图　　　　　　　　　　图 3.90　上色

（4）蝴蝶上图。将蝴蝶标本用胶水固定至画中，如图 3.91 所示，营造出一幅蝴蝶赏花的生动景象，如图 3.92 所示。

图 3.91　蝴蝶上图（1）　　　　图 3.92　蝴蝶上图（2）

想一想

1. 为什么在制作标本过程中，蝴蝶的翅膀不能用手摸，只能用镊子操作？
2. 蝴蝶翅膀上的鳞片有什么作用？

温馨提示

1. 野外捕捉蝴蝶时，应注意安全并做好个人防护，服装尽量选长裤长袖，防止树枝划伤以及蚊虫叮咬，鞋子选择防滑性好的。

2. 尽量不去不熟悉的地方，外出时最好几人结伴同行，做好相应的急救准备。

3. 请勿直接用手摸蝴蝶，对蝴蝶过敏者请谨慎操作。

成果展示

制作成功的蝴蝶赏花标本如图 3.93 所示。你可以让身边的亲戚、朋友来观看，分享你的成果。

图 3.93　蝴蝶赏花

思维拓展

捕捉回来的蝴蝶，需要进行分类鉴定。可以参考《中国蝶类志》或其他蝴蝶鉴赏图鉴，通过观察蝴蝶的颜色和斑纹等来辨认。另外，我们还可以对蝴蝶赏花标本制作过程做哪些方面的创新？如图 3.94 所示。

图 3.94　蝴蝶赏花创新思路示意图

想创就创

常熟南师大发展研究院有限公司的谢桂林、王保明、谢桐音、程波、谢德顺、赵硅军等人发明了蝴蝶标本还软器，其获得国家专利：ZL201210094521.9。

蝴蝶标本还软器，属于供实验室用的工具技术领域。蝴蝶标本还软器由玻璃培养皿、上层板、中间垫板、下层板、上层板缺刻、下层板缺刻、板端缺刻、下层板通水槽、通水槽端缺刻组成。蝴蝶标本还软器利用蝴蝶支架将蝴蝶标本支撑起来，上层板缺刻和下层板缺刻的设计保证了蝴蝶身体接触软化液，而翅膀则保持干燥状态。软化液采用渗透性和软化性较强的 36%乙酸，使得蝴蝶标本较为快速地被软化，缩短了标本处理的时间。蝴蝶标本还软器操作简单，造价低廉，应用价值高，实用性强。

请你查阅资料，利用蚊子、苍蝇或蜜蜂等小昆虫制作琥珀。

第十节　水晶的种植

知识链接

《本草纲目》中记载："矾石之用有四：吐利风热之痰涎，取其酸苦涌泻也；治诸血痛，脱肛，阴挺，疮疡，取其酸涩而收也；治痰饮，泻痢，崩、带、风眼，取其收而燥湿也；治喉痹痈疽，蛇虫伤螫，取其解毒也。"明矾味酸涩、性寒，具有抗菌、收敛、固脱等作用，可用作中药。明矾在工业中可用于制备铝盐、油漆、媒染剂等，明矾可净化水体，可作为食品添加剂，但由于明矾中含有的铝对人体有害，长期饮用明矾净化的水，可能引起老年性痴呆症，明矾被人食用后，基本不会排出体外，会沉积在人体内，对人体脑细胞有毒害作用。现已经禁止明矾作为食品添加剂和净水剂。

明矾为十二水硫酸铝钾，在化学里面，热的饱和溶液冷却后，溶质以晶体的形式析出，这一过程叫结晶。现代利用明矾饱和结晶的特点，在手工业中制作成各种多彩水晶。

项目任务

掌握明矾粉制作成水晶的方法。

探究活动

所需器材：明矾粉 50 g、色素、80℃水 100 mL、毛根、一次性筷子、一次性杯/烧杯、钓鱼线、玻璃棒、锅、温度计、铁杯。

探究步骤

（1）将 100 mL 80℃的水倒入装有 50 g 明矾粉的一次性杯中，搅拌溶解，如图 3.95 所示，加入 10 滴红色色素，可根据个人需要适当添加，搅拌均匀，如图 3.96 所示。

（2）把折叠成圆形的毛根用钓鱼线绑好，系在一次性筷子上，放入明矾溶液中，如图 3.97 所示。毛根浸没在明矾溶液中，不要触碰到杯子壁和底部。毛根可用棉团等其他物替代，形状可根据自己的需要折叠成心形或别的形状。

（3）加盖放在阴凉地方静置 12 h，结成的水晶如图 3.98 所示。

图 3.95 明矾溶解在热水中

图 3.96 滴入色素

图 3.97 放入毛根

图 3.98 结晶情况

（4）将水晶暂时拿起，将明矾溶液和一次性杯中的结晶明矾倒入烧杯或铁杯中，加入 1 勺明矾粉，隔水加热使明矾溶解，如图 3.99 所示。

（5）放置等待明矾溶液冷却，将水晶再次放入，加盖放置阴凉处，静置 12 h，结成水晶，如图 3.100 所示。

图 3.99 加入明矾粉

图 3.100 二次结晶

（6）如想使水晶再变大，重复步骤（4）和步骤（5），晾干的明矾水晶容易破碎，注意轻拿轻放。

想一想

1. 明矾溶液为什么要放在阴凉处结晶？

2．为什么明矾溶液结晶要加盖？

温馨提示

1．种植水晶过程中请注意用火安全，例如使用煤气灶蒸煮，建议全程戴防烫手套，防止烫伤。

2．明矾中含有铝，对人体有害，请勿食用。

成果展示

制作成功的水晶如图 3.101～图 3.104 所示。你可以让身边的亲戚、朋友来观看，分享你的成果。

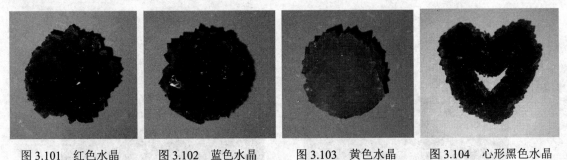

图 3.101　红色水晶　　　图 3.102　蓝色水晶　　　图 3.103　黄色水晶　　　图 3.104　心形黑色水晶

思维拓展

怎样才能使明矾溶液结出的水晶更大、更漂亮？结合本项目的制作方法，参考图 3.105 所示的水晶种植创新思路示意图进行拓展设计。

图 3.105　水晶种植创新思路示意图

想创就创

江西李允员发明了一种水晶种植架，其获得国家专利：ZL202022161681.3。

本发明公开了一种水晶种植架，包括支撑盘和底部架，支撑盘上设有支撑杆，支撑杆垂直水平面设置，支撑杆上设有水晶悬挂盘，从支撑杆的底部至上部设有多个水晶悬挂盘；支撑盘的下端设有限位杆，底部架上设有限位套，限位杆位于限位套内，限位杆和限位套之间配合；底部架的下端设有高度调节脚，高度调节脚的数量是四个。结构简单，使用方便，便于调整水晶种植架的平衡，具有很高的实用价值和推广的价值。

请大家下载该专利技术方案并认真阅读，找出它的创意或创新点，然后想想有什么启发。结合以上项目，请尝试制作出一个八面菱形水晶。

第十一节　天然色素的提取

知识链接

天然色素来源于天然资源，一般可食用，可从植物、动物和微生物中提取，从植物中提取的天然色素较多。植物叶肉细胞中叶绿体含有叶绿素和类胡萝卜素，绿叶含有叶绿素，因而呈现绿色。叶绿素和类胡萝卜素属于脂溶性色素，能够溶解在有机溶剂无水酒精中，高中生物实验"绿叶中色素的提取和分离"采用无水酒精提取绿叶中的色素。家庭中提取绿叶中色素可采用一定浓度的酒精，提取率较低。

成熟的植物细胞含有大液泡，液泡中含有花青素。花青素是一种水溶性色素，是构成花瓣和果实颜色的主要色素之一，具有抗氧化的作用。破坏植物细胞活性，可观察到花青素溶于水中。

项目任务

1．了解周围的天然色素。
2．掌握提取叶绿素的方法。

探究活动

所需器材：量杯 2 个、玻璃棒、新鲜绿叶（菠菜叶）、70% 的酒精、清水、剪刀。

探究步骤

（1）将新鲜绿叶（菠菜叶）剪碎，如图 3.106 所示。

（2）准备两个量杯（一次性杯），分别加入等量（60 mL）的 75% 酒精和清水，如图 3.107 所示。

图 3.106　剪碎新鲜绿叶

图 3.107　等量的酒精和清水

（3）将等量的新鲜绿叶分别加入酒精和清水中，搅拌均匀，如图 3.108 所示。

图 3.108   加入新鲜绿叶

（4）放置半个小时，观察两个量杯中的液体颜色。酒精杯中的酒精变成绿色，清水杯中的清水颜色基本不变。把酒精杯中的绿色液体晒干，成了天然色素。

想一想

1．为什么要用酒精提取叶绿素？
2．能不能用同样的方法提取花青素？

温馨提示

1．提取天然色素需用到酒精，请勿在火源附近制作，防止火灾。
2．提取的天然色素严禁食用。

成果展示

加入新鲜绿叶，酒精杯中的液体变成绿色，提取出叶绿素，然后把酒精杯中的绿色液体晒干，成了天然绿色色素，如图 3.109 所示。你可以让身边的亲戚、朋友来观看，分享你的成果。

 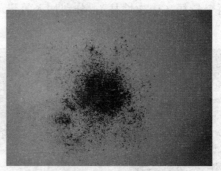

图 3.109   晒干的天然绿色色素

思维拓展

请上网查找资料，思考如果提取食品使用的叶绿素。除了提取叶绿素，我们还可以从哪些方面进行创新？如图 3.110 所示。

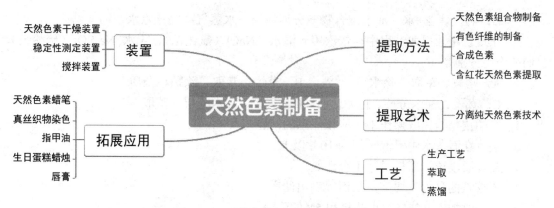

图 3.110　天然色素提取创新思路示意图

想创就创

　　浙江农林大学的袁珂、蔡荣荣、王广华、黄雅思、姜东青、徐殿宏、贾姗姗、林茵等人发明了一种利用果渣制备的天然色素及其用途，其获得国家专利：ZL201310416997.4。

　　一种利用果渣制备的天然色素及其用途，属于食品添加剂技术领域。其特征在于将重量含量的以下物质混合均匀：桑葚果渣提取纯化物 40%～70%，杨梅果渣提取纯化物 30%～60%，硒酵母 0.0005%～0.0008%，即得到天然色素产品。上述一种利用果渣制备的天然色素，具有较强抗氧化、抗疲劳及降糖作用，采用该方法得到的天然色素外观为紫红色，天然色素中所含总花青素的含量高达 30%～48%，该制备工艺绿色安全，利用桑葚果渣和杨梅果渣废弃物制备的天然色素功效成分含量高，且功效明显，可用作食品添加剂、抗氧剂及食品着色剂、染料等，大大提高了桑葚和杨梅的附加值和资源的利用率。

　　请大家下载该专利技术方案并认真阅读，说出它的创意和创新点，然后想想有什么启发。现在市面上有色素购买，丰富了食品色彩，但多数色素为人工合成色素，请尝试在家制备天然色素粉。

本章学习评价

一、选择题

1. 关于植物芳香油的叙述错误的是（　　　）。

　　A. 挥发性强，易溶于有机溶剂，一般来说价格昂贵

　　B. 都是由天然植物的茎、叶、树干、花、果实和种子等部位经萃取得到的浓缩液体

　　C. 植物香料比动物香料来源更广泛

　　D. 植物芳香油广泛地应用于轻工、化妆品、饮料和食品制造等方面

2. 玫瑰精油提取的过程是（　　　）。

　　A. 鲜玫瑰花+水→水蒸气蒸馏→油水混合物→分离油层→除水

　　B. 鲜玫瑰花+水→油水混合物→水蒸气蒸馏→分离油层→除水

　　C. 鲜玫瑰花+水→油水混合物→除水→分离油层

D. 鲜玫瑰花+水→油水混合物→分离油层→水蒸气蒸馏→除水

3. 在玫瑰精油提取过程中，依次用到清水、NaCl（氯化钠）、无水 Na$_2$SO$_4$（硫酸钠），它们的作用分别是（　　）。

    A. 溶解、萃取、除水　　　　　　　B. 蒸馏、萃取、除颗粒杂质

    C. 蒸馏、油水分层、除水　　　　　D. 蒸馏、油水分层、萃取

4. 在橘皮精油提取操作中，应该注意的问题是（　　）。

① 橘皮在石灰水中浸泡时间为 10 h 以上

② 橘皮要浸透，压榨时才不会滑脱

③ 压榨液的黏稠度要高，从而提高出油率

④ 压榨时加入 0.25%的小苏打和 5%的硫酸钠

    A. ①②③　　　　　　　　　　　　B. ②③④

    C. ①②④　　　　　　　　　　　　D. ①③④

5. 菜豆是我们常吃的蔬菜之一，其叶脉和根系分别是（　　）。

    A. 网状脉、直根系　　　　　　　　B. 网状脉、须根系

    C. 平行脉、须根系　　　　　　　　D. 平行脉、直根系

二、非选择题

1. 根据植物芳香油提取的相关知识，回答下列问题。

（1）玫瑰精油的提取可使用如图 3.111 所示装置，这种方法为_____法。蒸馏时收集的蒸馏液_____（填"是"或"不是"）纯的玫瑰精油，原因是_____。进水口是图中的_____（填图中的编号）。

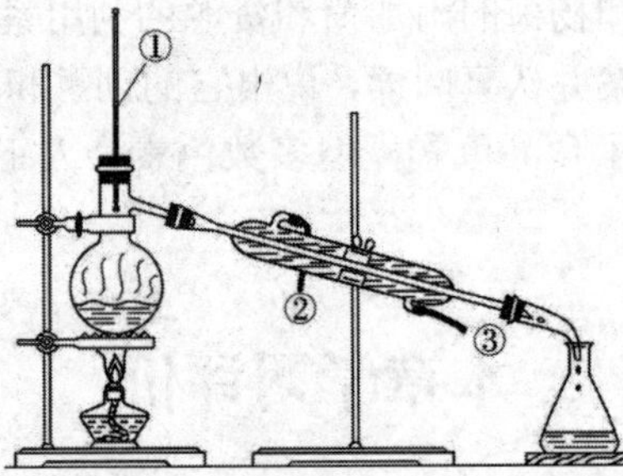

图 3.111　植物芳香油提取

（2）用水蒸气蒸馏法提取薄荷油时，在油水混合物中加入氯化钠的作用是_____。分离出的油层中加入无水硫酸钠的作用是_____，除去固体硫酸钠的常用方法是_____。

2. 回答下列有关酶的研究与应用的问题。

（1）果汁生产离不开果胶酶，是因为果胶酶具有_____的作用。其实果胶酶并不特指一种酶，它包括_____（答出三种）等。

（2）测定果胶酶的活性时，应给予最适的温度和_____。酶活性可以用单位时间内、单位体积中_____来表示。

第四章　魔术中的生物

魔术是门科学性很强的表演艺术。它把科学的真理经过特殊思维给予"化妆"处理后，再改头换面地以完全不同的面貌展现在观众面前。就连科学家也看不出这些"化妆"后的科学技术知识和技能的真面目。

自有人类开始，我们生活的自然界就在一天天地被改造，而这每一个促使人类文明发生巨大飞跃的改造都来自人们对神秘大自然的好奇。人们总是琢磨那些自己无法理解的事情的来龙去脉，于是一个又一个的科学家踏上了寻找真理的道路。魔术便是利用了人类这一特殊的本能，不断制造出不可思议的现象，给每个生活在现实中的人们插上一双想象的翅膀。魔术中的生物学寓教于乐，将魔术里包含的科学原理一一解释出来，并且将有趣的小魔术表演一步步教给创客们，学得有兴趣，学得有快乐。

本章通过柠檬破气球、天然酵母吹气球、蔬菜换装、柠檬火花、手帕变脸术、会吃糖的土豆、神奇的酶等魔术的学习，让创客们亲身体验生物学魔术的神奇，点燃他们对生物学的学习热情。让创客们像科学家那样去探索生命活动中各种神秘的现象，提升自己的生物科学与实践创新素养。

本章主要项目

> 柠檬破气球
> 天然酵母吹气球
> 蔬菜换装
> 柠檬火花
> 手帕变脸术
> 会吃糖的土豆
> 神奇的酶

第一节　柠檬破气球

知识链接

柠檬是芸香科柑橘属的常绿小乔木。它富含维生素 C、糖类、钙、维生素 B_1、维生素 B_2、柠檬酸和苹果酸等，对人体十分有益。柠檬除可以食用外，我们还可以利用它的香气放在冰箱除臭。经常听说，为了安全起见，手接触了柑橘类水果后不要碰气球。这是为什么呢？因为柠檬等柑橘类水果的皮外面有一层油脂腺，里面含有柠檬烯这种有机溶剂，可以溶解气球表面的橡胶。而膨胀的气球内部充满气体，本身就承受着一定的压强，当它沾上柠檬的果皮汁水，一处变薄或破裂，就会使其内部压强不均，从而轻易发生爆炸。

柠檬烯，别名苧烯，是单萜类化合物，化学式是 $C_{10}H_{16}$，是一种天然的功能单萜，在食品中作为香精香料添加剂被广泛使用，是无色油状液体，有类似柠檬的香味。柠檬烯具有良好的镇咳、祛痰、抑菌作用，复方柠檬烯在临床上可用于利胆、溶石、促进消化液分泌和排除肠内积气。

　　柠檬烯广泛存在于天然的植物精油中。其中，主要含右旋体的有蜜柑油、柠檬油、香橙油、樟脑白油等；含左旋体的有薄荷油等；含消旋体的有橙花油、杉油和樟脑白油等。在制造本品时，分别由上述精油进行分馏制取，也可以从一般精油中萃取萜烯，或在加工樟脑油及合成樟脑的过程中，作为副产物制得。所得双戊烯，经蒸馏提纯可得苎烯。用松节油作为原料，进行分馏、切取 α-蒎烯，经异构化制莰烯，然后分馏得到。莰烯的副产物为双戊烯。此外，用松节油水合制备松油醇时也可产生副产品双戊烯。

项目任务

　　用柠檬使气球爆炸。

探究活动

　　所需器材：柠檬、水果刀、气球、打气筒。

　　探究步骤

　　（1）首先将气球吹大，口扎紧，如图 4.1 所示，将气球固定，如图 4.2 所示。

图 4.1　给气球打气

图 4.2　将气球固定

　　（2）用水果刀切下一小块柠檬皮，如图 4.3 所示。

　　（3）对着气球挤压柠檬皮，如图 4.4 所示，将柠檬皮中挤出的汁液喷在气球上，如图 4.5 所示，经过一段时间之后气球发生爆炸，如图 4.6 所示。

图 4.3　切柠檬

图 4.4　柠檬与气球

图 4.5　对着气球挤压柠檬皮

图 4.6　气球爆炸

想一想

1. 除了柠檬，我们还可以使用什么水果将气球引爆？
2. 除果皮汁水外，果肉汁水也可以将气球引爆吗？

温馨提示

1. 气球沾上柠檬的果皮汁水就会爆炸，应做好个人安全防护。
2. 请勿用手抓气球，应将气球固定后再对着气球挤压柠檬皮，并保持一定距离。

成果展示

上面的实验成功后，你可以让身边的亲戚、朋友来观看，分享你的成果。让大家在日常生活中了解、掌握柠檬烯有机溶剂溶解橡胶的生物知识。

思维拓展

柠檬利用自己的柠檬烯有机溶剂溶橡胶，实现了气球爆炸现象，也破解了江湖人士的魔术表演，为广大群众还原了柠檬破气球魔术的真面目，预防受骗。这也说明魔术只是科学知识的一种应用，并不是神奇的东西。除了柠檬，我们还可以使用什么水果使气球爆炸？除果皮汁水外，果肉汁水也可以将气球引爆吗？还可以从哪些方面创新？如图 4.7 所示。

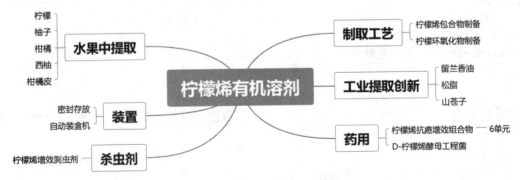

图 4.7　柠檬烯创新思路示意图

想创就创

成都蓉药集团四川长威制药有限公司的葛绍勇发明了从柑橘类果皮中提取柠檬烯的方法，其获得国家专利：ZL201110165440.9。

本发明提供了一种提取柠檬烯的方法，包括以下步骤：将柑橘类果皮加入回流萃取釜中，并加入以果皮质量计的 5～15 倍质量的水和 2～10 倍质量的有机溶剂，加热搅拌至均匀混合；在 30～80℃下进行超声波辅助溶剂萃取，持续 10～30 min；加入活性炭脱色，搅拌约 30 min 并冷却至 15～25℃；将脱色后的产物过滤分离得到滤液和滤渣，并将滤液分相得到有机相 A 和水相 B；将水相 B 再次用加入以果皮质量计的 0.2～0.5 质量的有机溶剂萃取得到有机相 A′和水相 B′；将有机相 A 和 A′合并，在 40～100℃下常压蒸馏分离得到柠檬烯和有机溶剂，收集柠檬烯。本发明具有柠檬烯提取率高、工艺简单、适用于产业化等优点。

请大家下载该专利技术方案并认真阅读，找出它的创意和创新点，然后想想有什么启发。柑橘类果皮果汁中含有柠檬烯，就可以用橘子或橙子使气球爆炸，大家可以尝试一下。

第二节　天然酵母吹气球

知识链接

天然酵母是指覆着于谷物、果实上和自然界中的多种真菌。天然酵母比一般酵母风味更佳，因为天然酵母能使面粉充分吸收水分，成熟时间长。另外，天然酵母是多种菌，在烘焙时，每一种菌都会散发不同的香味，让面包的风味更多样化。

酵母菌是一种单细胞真菌，营养方式为异养，呼吸方式为兼性厌氧，在有氧或无氧条件下都能存活，在有氧条件下有利于酵母菌快速繁殖。酵母菌在有氧条件下，能将糖分解成二氧化碳和水；在无氧呼吸条件下，能将糖分解成酒精和二氧化碳。天然酵母吹气球就是利用酵母菌能分解出二氧化碳气体，让罩在瓶子上的气球膨胀起来。

现今世界酵母的主流是干酵母，酵母菌在自然界分布广泛，主要生长在偏酸性的潮湿的含糖环境，如一些葡萄、苹果、桃等水果表面，最适生长温度一般在 20～30℃。酵母菌主要用于发酵面包和酒类，因酵母易于培养，且生长迅速，被广泛用于现代生物学研究中，是遗传学和分子生物学的重要研究材料。

项目任务

1. 了解酵母菌的呼吸方式。
2. 动手观察酵母菌发酵产生二氧化碳的现象。

探究活动

所需器材：一个苹果、20 g 白砂糖、30℃左右温水、矿泉水瓶、温度计、气球、水果刀、砧板。

探究步骤

（1）准备材料，将苹果切成条状，如图 4.8 所示。

（2）在矿泉水瓶中加入 30℃左右温水，如图 4.9 所示，将苹果条和白砂糖放入瓶中，罩上气球，如图 4.10 所示。

（3）浸泡 24 h 后，罩在瓶上的气球膨胀起来了，此时，证明你的酵母菌吹气球制作成功了，如图 4.11 所示。

图 4.8　苹果切条图

图 4.9　加入温水

图 4.10　发酵装置

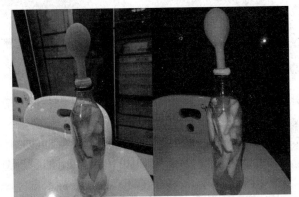

图 4.11　膨胀的气球

想一想

1. 是什么气体使气球膨胀？如何验证气球中的气体是二氧化碳？
2. 为什么加入的温水，温度要在 30℃左右？

温馨提示

制作过程需使用刀具，请注意安全，防止割伤。

成果展示

你的酵母吹气球制作成功后，可以让身边的亲戚、朋友来观看，分享你的成果。

思维拓展

在日常生活中，你能理解为什么我们做蛋糕、面包或包子时要加上酵母粉了吗？原来和上面的实验原理是一样的，解密的关键在酵母身上，酵母是可食用的真菌，在一定的温度条件和时间下，这些真菌会以糖为养料，分解糖类，产生二氧化碳气体，使面团膨胀起来。有什么办法让自己的气球吹得更大或者稍小呢？你再试试看，你还发现了生活中哪些地方要用到酵母粉呢？去观察一下。如果把酵母菌吹气球中的酵母和糖换成小苏打粉和白醋，又会有怎样的实验结果呢？这个就留给你们去尝试探索了。除此之外，还可以从哪些方面进行创新？如图 4.12 所示。

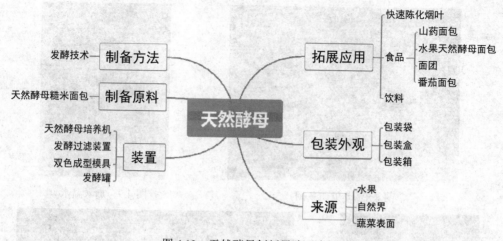

图 4.12　天然酵母创新思路示意图

想创就创

贵州凯缘春酒业有限公司的符洋、范权毅、朱梨等人发明了一种酿酒用酵母菌，其筛选方法及该酵母菌在蓝莓红酒发酵中的应用，其获得国家专利：ZL201810734621.0。

本发明涉及一种酿酒用酵母菌，其保藏号为 CGMCC NO.15931。本发明还涉及该酵母菌的筛选方法以及在蓝莓红酒发酵中的应用。由该酵母菌发酵所得的蓝莓红酒品质优良，澄清透明，色泽橙红，具有典型的红酒风味。蓝莓水果生产为红酒产业开辟了良好的发展时机，发酵酒中含有大量的氨基酸、维生素、矿物质等营养成分，并含有一定的生理活性物质，主要具有舒筋活血、促进新陈代谢的作用，适合饮用。

请大家下载该专利技术方案并认真阅读，找出它的创意和创新点，然后想想有什么启发。请尝试用干酵母代替苹果表皮的野生酵母菌，重做一次干酵母吹气球或者试试制作酵母菌。

第三节　蔬 菜 换 装

知识链接

植物在生长过程中需要许多养分和水分，这些营养物质是通过植物土壤下面的根系进行吸收并输送到植物各个部位的，那么运输过程是怎样的呢？下面通过蔬菜换装魔术来验证植物是如何从根系进行吸收并输送到植物各部位的。白菜叶子内部有许多毛细管，水吸附在这些细小管道内侧，由于内聚力与附着力的差异，把从根部吸收的水分输送到叶片的各个部分，这是"毛细现象"。通过毛细作用，白菜叶片能慢慢地将色素吸上来，并扩散到整个叶片的脉络中，使白菜叶子有不同的颜色。其实，这就是植物吸收水分的过程。

植物水分吸收是指植物器官从土壤、环境中吸收水分的方式，根系是大多数陆生植物的主要吸水器官。根系吸水通过细胞吸水进行。水生的藻类和许多菌类则没有专门的吸水器。植物吸收水分的方式主要有以下两种。

（1）吸胀作用吸收水分主要是依赖于细胞内的亲水性物质，如蛋白质、淀粉、纤维素等，蛋白质的亲水能力最强，所以蛋白质含量高的细胞或组织，吸胀作用吸收水分的能力比淀粉含量高的要强，含脂肪较多的细胞或组织通过吸胀作用吸水的能力最弱。没有大的液泡的植物细胞主要以吸胀作用方式吸收水分。

（2）渗透作用是具有液泡的成熟植物细胞的吸水方式，也是植物体吸水的主要方式。一个有液泡的成熟植物细胞是一个渗透系统。原生质层具有选择透过性是完成渗透吸水的关键。一个死的植物细胞，原生质层已失去了选择透过性，所以就不具备渗透吸水的能力，但还能通过吸胀作用吸水，典型的例子是死亡的干种子也能吸水。质壁分离和复原的实验是验证植物细胞通过渗透方式吸水的最佳实例。成熟的植物细胞发生质壁分离和质壁分离复原，其内因主要是原生质层具有选择透过性和原生质层的伸缩性比细胞壁大；其外因是原生质层内外溶液的浓度差。

项目任务

使大白菜变成不同的颜色。

探究活动

所需器材：色素（红、黄、蓝）、量杯（3个）、大白菜、清水。

探究步骤

（1）三个量杯中各装入 50 mL 清水，如图 4.13 所示，分别滴入三种不同颜色的色素（20滴），如图 4.14 所示。

图 4.13 装入清水   图 4.14 滴入色素

（2）掰下三瓣完整的白菜，如图 4.15 所示，根部依次插入三杯色素水中，如图 4.16 所示。

图 4.15 掰下三瓣白菜   图 4.16 白菜插入色素水中

（3）一天后观察白菜叶发生的变化。

想一想

1. 用水彩或水粉这些颜料代替色素可以吗？
2. 为什么蔬菜施肥后需要适当浇水？

温馨提示

换装后的蔬菜请勿食用。

成果展示

白菜插入三杯色素水中，一天后白菜叶颜色突然变成了五颜六色的神奇菜叶，如图 4.17 所示。此时，证明你的蔬菜换装魔术成功了。你可以让身边的亲戚、朋友来欣赏，也可以拍成 DV 发到朋友圈分享，让更多的人分享你的成果。

图 4.17　换装的蔬菜

思维拓展

本魔术实验证明了具有中央大液泡的细胞主要靠渗透作用吸水，其中原生质层相当于半透膜，当根细胞液的浓度大于土壤溶液的浓度时，根细胞便可以通过渗透作用吸水，层层渗透进入根部导管，随后运送到植物体的各个部分。从植物吸水出发，还可以从哪些方面进行创新？如图 4.18 所示。

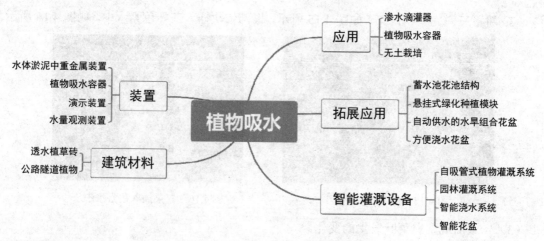

图 4.18　植物吸水创新思路示意图

想创就创

上海曹野农业发展有限公司的武天龙、廖健利、曹金姹等人发明了一种观赏南瓜复合体的培育方法，其获得国家专利：ZL201911251488.4。

本发明公开了一种观赏南瓜复合体的培育方法，涉及南瓜嫁接领域，其步骤包括：① 复合体的砧木品种和接穗品种的选择；② 复合体砧木品种采用高位嫁接培育法；③ 复合体的嫁接采用劈接嫁接方法；④ 复合体的种植采用根域限制方法；⑤ 复合体接穗品种的管理采用一主二侧的 3 蔓法；⑥ 二次或多次接穗复合体的培育。本领域的技术人员致力于通过嫁接技术，产生一种共生型观赏南瓜的复合体，保持杂交 F1 代杂种优势，可共生多种瓜果，并维持长时间的观赏价值。

请大家下载该专利技术方案并认真阅读，找出它的创意和创新点，然后想想有什么启发，再结合蔬菜换装的实验方法，尝试把带枝条的鲜花进行换装。

第四节 柠 檬 火 花

知识链接

你们见过喷火吗？今天我们一起来让柠檬帮我们完成这个艰难的杂技，揭示魔术主题——柠檬喷火（柠檬火花）。柠檬皮中含有丰富的香精油，这种香精油是挥发性很强的可燃有机物，对着蜡烛火焰挤压柠檬皮时，香精油也一并被挤出来。当香精油接触到蜡烛火焰后起火燃烧，发出明亮闪烁的火光，同时伴随着噼里啪啦的响声。

香精油是指一种从花朵、树叶、木材和其他植物源和其他动、植物身上提取或蒸馏出来带有香味的液体。香精油不是像亚麻油或石油的油类，在某种意义上，香精油不是真正的油。丁香油（oil of cloves）、熏衣草油（oil of lavender）、欧薄荷油（spike oil）和迷迭香油有时会用于油性涂料、上光剂和清洁剂。

项目任务

使用柠檬皮使蜡烛发出闪烁的火光。

探究活动

所需器材：柠檬、水果刀、蜡烛、打火机、筷子。

探究步骤

（1）准备好柠檬皮、打火机和蜡烛，如图 4.19 所示，从新鲜柠檬上切下一小块柠檬皮，如图 4.20 所示。

（2）点燃蜡烛。将柠檬皮靠近蜡烛火焰，用手指挤压柠檬皮，使柠檬皮中挤出的汁液喷向火焰，蜡烛发出闪烁的火花，如图 4.21 所示。

（3）用筷子夹住柠檬皮放在火焰上灼烧，观察蜡烛火苗的情况，如图 4.22 所示。

图 4.19 柠檬皮、打火机和蜡烛

图 4.20 切柠檬

图 4.21 挤压柠檬皮

图 4.22 柠檬皮灼烧

想一想

1. 除了柠檬，我们还可以使用什么水果使蜡烛发出闪烁的火光？
2. 挤压柠檬皮和直接灼烧柠檬皮，哪种方式能发出更明亮的火花？

温馨提示

1. 注意用火安全，应将点燃的蜡烛放在空旷的地方，周围请勿放置可燃物，结束后及时将火熄灭。
2. 气球沾上柠檬的果皮汁水就会爆炸，手接触柠檬后请勿摸气球。

成果展示

柠檬火花制作成功后，你可以让身边的亲戚、朋友来观看，分享你的成果，让大家在日常生活中了解、掌握柠檬含有可燃香精油的生物知识。

思维拓展

柠檬皮中含有丰富的可燃有机物香精油，挤压柠檬皮时可燃有机物香精油被挤出，见火就可以燃烧起来，产生火花。古人用了钻木取火，今天学习了柠檬火花制作，我们也可以将插入柠檬中的铜钉与锌钉用金属线连在一起，使用两根导线点燃纸屑，实现柠檬取火，如图 4.23 所示，

图 4.23 柠檬取火

今天解开了柠檬火花的谜底。除了柠檬，我们还可以使用什么水果使蜡烛发出闪烁的火光？

另外，柠檬皮中的可燃有机物香精油，除了取火，还可以从哪些方面进行创新？如图 4.24 所示。

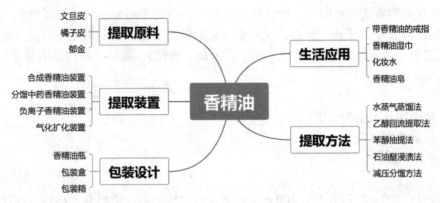

图 4.24　香精油创新思路示意图

想创就创

中山职业技术学院的聂建华、王俊、李吉昌等人发明了一种高效提取沉香精油的方法，其获得国家专利：ZL201810053668.0。

本发明涉及精油提取技术领域，具体涉及一种高效提取沉香精油的方法。该高效提取沉香精油的方法包括：① 制备稀土改性纳米有机蒙皂石；② 将沉香树木粉碎并煮沸；③ 母液与稀土改性纳米有机蒙皂石反应并收集滤饼；④ 滤饼中加入无水乙醇并收集母液；⑤ 制得高纯度沉香精油。该高效提取沉香精油的方法具有提取工序简单高效、工艺过程绿色环保、能可持续利用，且生产成本相当低廉的优点，并且所获得的精制沉香精油纯度高达 95% 及以上（采用目前现有提取方法，沉香精油的纯度只能接近 90%）。因此本发明的高效提取沉香精油的方法具备很强的实用性，工业化前景极为光明。

请大家下载该专利技术方案并认真阅读，找出它的创意和创新点，然后想想有什么启发。用橘子或橙子也可以使蜡烛发出闪烁的火光，大家可以尝试一下。

第五节　手帕变脸术

知识链接

手帕，指手绢，是礼物的代称，见唐代王建《宫词》之四七："缠得红罗手帕子，中心细画一双蝉。"手帕变脸术就是草木染使其变换颜色。

染布，指把布染成需要的颜色，一般是通过染坊（又称作染缸坊、染布作坊）完成。草木染又称作植物染，是指提取植物的花、草、树木、茎、叶、果实、种子、皮和根的色素作为染料给纺织品上色的方法。中国具有悠久的草木染历史，古人在社会实践中发现满山遍野植物的根、茎、叶和皮都可以用温水浸渍来提取染液。经过反复实践，我国古代人民终于掌握了一套使用该种染料染色的技术。到了周代，植物染料在品种及数量上都达到了一定的规模，并设置了专门管理植物染料的官员负责收集染草，以供浸染衣物之用。秦汉时，染色已基本采用植物染料，形成独特的风格。

染料是指能使其他物质获得鲜明而牢固色泽的一类有机化合物，由于现在使用的颜料都是人工合成的，所以也称为合成染料。染料和颜料一般都是自身有颜色，并能以分子状态或分散状态使其他物质获得鲜明和牢固色泽的化合物。植物染料一般分为煤染染色、直接染色和还原染色，方法有生叶染、媒染、煎煮染、套染和扎染等，主要颜色有赤红（茜草、红花和苏木）、蓝色（蓝草、黑豆）、黄色（栀子、姜黄、槐花）、黑色（乌臼、五倍子）等。

项目任务

1. 了解中国草木染的历史。
2. 掌握葡萄皮染色的方法。

探究活动

所需器材：500 g 巨峰葡萄、100 mL 白醋、白色棉手帕、塑料盒、汤锅、榨汁机、洗衣盆、橡皮筋。

探究步骤

（1）将 500 g 巨峰葡萄洗干净剥皮，收集葡萄皮，如图 4.25 所示。

（2）将葡萄皮放入榨汁机榨汁，如图 4.26 所示。

图 4.25　收集葡萄皮

图 4.26　榨汁

（3）将葡萄皮汁液放入汤锅中，加入 100 mL 白醋和水，水的量可根据染的针织品量加，加热煮沸 10 min，如图 4.27 所示。

（4）将葡萄皮汁过滤后倒入洗衣盆中，如图 4.28 所示，加入 20 g 盐或者明矾。

图 4.27　煮葡萄皮汁

图 4.28　过滤葡萄皮汁

（5）准备两块白色毛巾或手帕，一块用橡皮筋进行简单扎捆，如图 4.29 所示，另一块不处理。将白色毛巾或手帕放入葡萄皮汁中揉搓一下，如图 4.30 所示，浸泡 1 h，洗干净后晾干，如图 4.31 和图 4.32 所示。

图 4.29　简单扎捆

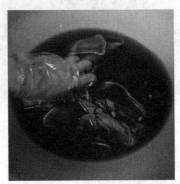
图 4.30　揉搓毛巾

图 4.31　浸泡后

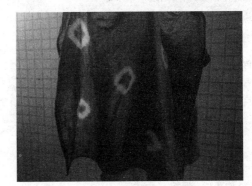
图 4.32　晾干

想一想

1. 项目步骤（3）加白醋的作用是什么？
2. 项目步骤（4）加盐或者明矾的作用是什么？

温馨提示

制作过程注意用火安全，例如使用煤气灶蒸煮，建议全程戴防烫手套，防止烫伤。

成果展示

晾干后的手帕，如图 4.33 所示。此时，原本白色的毛巾变成了紫色毛巾了。你可以让身边的亲戚、朋友来观看，分享你的染布成果，让大家在日常生活中了解并掌握草木染技术。

思维拓展

查阅资料，解答草木染最后的颜色为什么具有不可预知性？我们还可以做什么改进创新？请你参考图 4.34 所示的手帕染色创新思路示意图进行拓展创新设计。

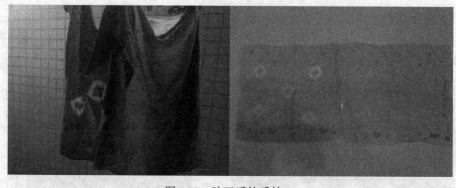

图 4.33　晾干后的手帕

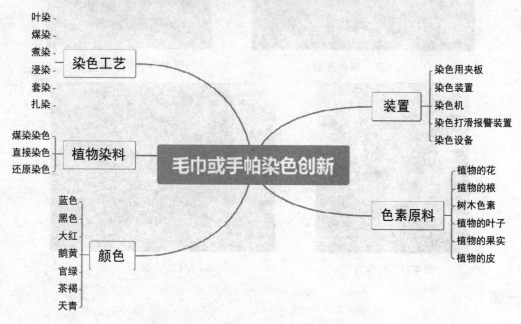

图 4.34　毛巾或手帕染色创新思路示意图

想创就创

西安际华三五一一家纺有限公司的陈诚玉发明了一种毛巾生产用染色装置，其获得国家专利：ZL201922281979.5。

本发明公开了一种毛巾生产用染色装置，包括机箱，机箱的上表面通过螺栓安装有电机，电机通过电机转轴套接有皮带，皮带的另一端套接有轴承，轴承的表面套接有滚筒，轴承的内壁焊接有固定轴，固定轴的右侧表面焊接有支撑板，支撑板的另一端焊接于机箱的右侧内壁。通过设置第一喷槽等部件，有效解决了在毛巾染色过程中，常因染色装置设置不合理而使毛巾染色不均匀的问题，降低了毛巾染色的次品率。另外，通过设置滚筒等部件，有效地解决了在毛巾染色后由于毛巾含水量较大，直接烘干处理，烘干时间较长，效率低下的问题，显著提高了毛巾染色后的烘干效率。

请大家下载该专利技术方案并认真阅读，找出它的创意和创新点，然后想想有什么启发。结合以上葡萄皮草木染的方法，尝试用红茶为自己染一块手帕。

第六节 会吃糖的土豆

知识链接

土豆也叫作马铃薯，我们食用的部分是地下的块茎。土豆是我国主食之一，含有丰富的碳水化合物、膳食纤维、蛋白质和 B 族维生素等，另外，土豆块茎还含有禾谷类粮食所没有的胡萝卜素和抗坏血酸，营养价值很高。

土豆块茎是由大量细胞组成的，生土豆里的细胞可以通过渗透作用吸水。生土豆里的细胞吸收盘子里的水分后溶解了白糖，因此才会出现白糖被吃掉的现象；而熟土豆经过高温蒸煮后，细胞失去了活性，不能吸水了，白糖也就不能被溶解。

什么叫渗透作用？即水分子（或其他溶剂分子）透过半透膜，从低浓度溶液向高浓度溶液的扩散。但是细胞通过渗透作用吸收水分的活动称之为渗透吸水。渗透吸水存在于活体生物细胞，死细胞的原生质层不具有选择透过性，因此不能发生渗透作用，能进行渗透吸水的细胞一定是活细胞。

项目任务

利用土豆吸水将白糖溶解。

探究活动

所需器材：土豆、盘子、勺子、白糖、小刀、水、吸水纸。

探究步骤

（1）用小刀将土豆的两端切掉，如图 4.35 所示，然后将土豆切开，如图 4.36 所示。

图 4.35 切土豆　　　　　　　　　　图 4.36 切开的土豆

（2）用勺子分别在两块土豆的切面上各挖一个小洞，如图 4.37 所示，挖好的土豆洞如图 4.38 所示。

（3）将其中一块土豆蒸熟，如图 4.39 所示，并用纸将生、熟土豆表面的水吸干，如图 4.40 所示。

（4）向盘子里注入一些水，将两块土豆放进去，分别向土豆块的小洞里放一勺白糖，如图 4.41 所示，左边是生土豆，右边是熟土豆，如图 4.42 所示。

图 4.37　土豆挖洞

图 4.38　挖好的土豆洞

图 4.39　蒸土豆

图 4.40　用吸水纸擦干土豆表面的水

图 4.41　向土豆中放糖

图 4.42　生土豆和熟土豆（1）

（5）静置 30 min 后，生土豆中的糖被吃了，熟土豆中的糖还在，如图 4.43 所示。

想一想

为什么生土豆可以将白糖溶解？放置更长的时间，熟土豆中的白糖也可以溶解吗？

温馨提示

1. 操作后的土豆洗干净可以食用，但不能生吃，须煮熟。

2. 请勿食用发芽的土豆。

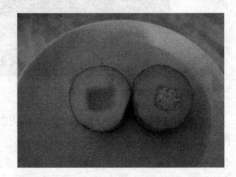

图 4.43　生土豆和熟土豆（2）

成果展示

　　分别在生土豆与熟土豆中间孔中放白糖，2 h后，生土豆的洞里充满了水，糖似乎真的被吃掉了，而熟的土豆里仍然是白糖颗粒。你可以让身边的亲戚、朋友来观看，分享你的成果。

思维拓展

　　为什么生土豆可以将白糖溶解，而熟土豆不可以？生土豆的细胞是活的，它好像一个孔道，能够使水分子通过，盘子里的水经过土豆壁渗入洞中，而煮过的土豆细胞已被破坏，所以没有渗透功能。试想，为什么需要用吸水纸先将土豆表面的水擦干？我们知道土豆可以"吃糖"，那么胡萝卜也可以"吃糖"吗？大家可以去探究一下。另外，我们利用渗透作用理论还可以在哪些地方创新？如图4.44所示。

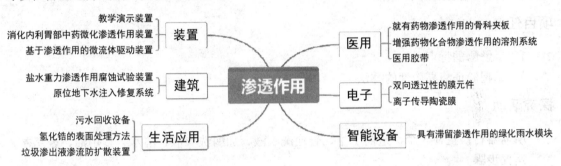

图 4.44　渗透作用创新思路示意图

想创就创

　　杭州金利丝业有限公司的徐金荣发明了一种蚕茧真空渗透吸水装置，其获得国家专利：ZL202020394981.3。

　　本发明公开了一种蚕茧真空渗透吸水装置，包括装置本体、进料盖、出料口、真空抽吸泵、压茧板和控制装置，装置本体的顶部设有进料盖，装置本体的底部设有出料口，装置本体的顶部右端经过真空抽吸管连接有真空抽吸泵，装置本体的内部设有压茧板，压茧板的内部中间设有加茧口，加茧口的底部设有挡板，挡板的外端连接有气缸，压茧板的内部外端设有振动控制装置，压茧板的两端设有滑块，滑块的外端电性连接有控制装置，滑块的底部滑动连接有升降滑轨，涉及蚕茧加工技术领域，便于直接快速地控制抽吸真空，实时监测真空压力，在真空状态下充分渗透吸水，自动化控制下料，控制升降压缩蚕茧。

　　请大家下载该专利技术方案并认真阅读，找出它的创意和创新点，然后想想有什么启发。结合以上方法，自己设计一种吸水装置。

第七节　神奇的酶

知识链接

　　1926年，萨姆纳从刀豆种子中提取出脲酶结晶，并用多种方法证明脲酶是蛋白质。20世纪 80 年代，美国科学家切赫和奥特曼发现少数 RNA（核糖核酸）也具有生物催化功能。在许多科学家的实验基础上，总结出酶是由活细胞产生的，具有催化作用的有机物，其中大多数酶是蛋白质，少数酶是 RNA。酶能显著地降低化学反应的活化能，酶的催化效率是无机催化剂的 $10^7 \sim 10^{13}$，故酶的催化作用具有高效性。一种酶只能催化一种或一类化学反应，例如淀粉酶只能催化分解淀粉，蛋白酶只能催化分解蛋白质，脂肪酶只能催化分解脂肪，故酶的催化作用具有专一性（特异性）。酶大多数是蛋白质，过酸、过碱和温度过高会破坏酶的空间结构，使酶失去活性，故酶的催化作用一般在较温和的条件下进行。

多种多样的酶为生活增添了便利。植物细胞壁是由果胶和纤维素组成，果胶酶能分解植物细胞壁中的果胶，用于果汁生产中，能提高果汁的出汁量和澄清度。多酶片含有多种消化酶，能促进消化食物。加酶洗衣液含有脂肪酶、淀粉酶和蛋白酶等，能有效分解衣服上的污迹，去污效果比普通洗衣液强。

项目任务

1. 了解酶的特点。
2. 掌握验证酶高效性的方法。

探究活动

所需器材：量杯 3 个、量筒 1 个、普通洗衣液、加酶洗衣液、清水、食用油、玻璃棒。
探究步骤
（1）准备三个量杯，编号 A、B、C，各加入 20 mL 水，如图 4.45 所示。
（2）在 A、B、C 杯中分别加入 10 mL 花生油，如图 4.46 所示。

图 4.45　分别加入 20 mL 水

图 4.46　分别加入 10 mL 花生油

（3）在 A 杯中加入 20 mL 清水，在 B 杯中加入 20 mL 普通洗衣液（不含酶），在 C 杯中加入 20 mL 加酶洗衣液，如图 4.47 所示。搅拌均匀，如图 4.48 所示。

（4）静置 5 min，观察和分析普通洗衣液（不含酶）和加酶洗衣液分解花生油的情况，如图 4.49 所示。A 杯清水中的油飘浮在水上面；B 杯中的洗衣液也分层，油还在上层；C 杯中的油被神奇的酶消化了。

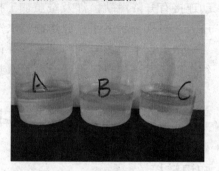

图 4.47　加洗衣液

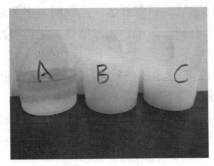

图 4.48　搅拌均匀

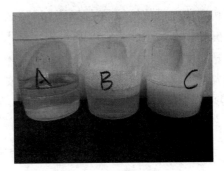

图 4.49　油被神奇的酶消化

想一想

1. 在项目实施过程中，为什么要设置 A 组，A 组的作用是什么？
2. 使用加酶洗衣液时，需要什么外界条件？能否用热水洗衣服？

温馨提示

杯中所有液体严禁食用。

成果展示

花生油被神奇的酶消化了，如图 4.49 所示。你可以让身边的亲戚、朋友来观看，分享你的成果。

思维拓展

观察图 4.49，对比分析 A、B、C 组的结果，体现了酶的什么特点？从本魔术出发，大家想想这个原理还可以应用到哪些领域？如图 4.50 所示。

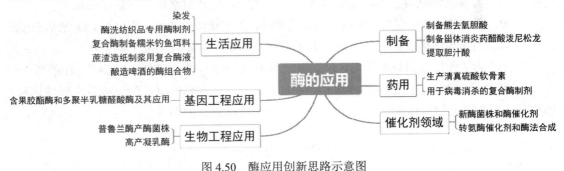

图 4.50　酶应用创新思路示意图

想创就创

陕西科学院酶工程研究所的刘涛、刘芝美、杨绍琴、李玉忠、崔爱荣、吴江洪、丁彩霞等人发明了酶洗纺织品专用酶制剂及其制备方法，其获得国家专利：ZL94113376.1。

本发明的特征是以绿色木霉、黄曲霉、黑曲霉为菌种进行固体或液体发酵，再经提取、浓缩而制成，可以分别得到 A、B、C 三种酶制剂。能使用于棉、麻、丝、绸、混纺等纺织品的整理和漂洗，可使纺织品的表面光滑耐久、手感柔软、穿着舒服，降低断裂率和缩水率，提高硬挺度、丰满度、悬垂度及其弹性。本发明具有制作简单、成本低廉、无毒害污染、使用效果好的优点。

请大家下载该专利技术方案并认真阅读，找出它的创意或创新点，然后想想有什么启发。结合该项目制作方法，尝试自己设置项目，验证酶的专一性和温和性。

本章学习评价

一、选择题

1. 下列关于植物芳香油的提取技术的叙述，正确的有（　　）。

① 提取植物芳香油有三种基本方法：蒸馏、压榨和萃取

② 水蒸气蒸馏利用水蒸气将挥发性强的芳香油携带出来

③ 压榨法是通过机械加压，压榨出果皮中的芳香油的方法

④ 萃取法是使芳香油溶解在有机溶剂中，蒸发溶剂后获得芳香油的方法

    A. 一个　　　　　　　　　　　　　　B. 二个

    C. 三个　　　　　　　　　　　　　　D. 四个

2. 下列关于玫瑰精油提取的叙述，正确的是（　　）。

    A. 玫瑰花瓣和清水的质量比为 4∶1

    B. 蒸馏过程中不进行冷却，精油提取量会减少

    C. 玫瑰精油适合用水蒸气蒸馏法提取，原理是玫瑰精油易溶于水，不溶于有机溶剂

    D. 玫瑰精油提取过程中加入的 NaCl 和无水 Na_2SO_4 都是为了促进油水分层

3. 下列关于芳香油的提取的说法，错误的是（　　）。

    A. 玫瑰精油难溶于水，能随水蒸气一同蒸馏，可使用水蒸气蒸馏法提取

    B. 新鲜的橘皮中含有大量的果蜡、果胶等，为了提高出油率，需用 $CaCO_3$ 水溶液浸泡

    C. 用压榨法提取橘皮精油时，为了提高出油率，需要将橘皮干燥去水

    D. 为了使橘皮油与水分离，可加入适量的 $NaHCO_3$ 和 Na_2SO_4，并调节 pH 值至 7~8

4. 某些蛋白质在蛋白激酶和蛋白磷酸酶的作用下，可在特定氨基酸位点发生磷酸化和去磷酸化，参与细胞信号传递，如图 4.51 所示。下列叙述错误的是（　　）。

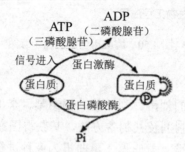

图 4.51　参与细胞信号传递示意图

A．这些蛋白质磷酸化和去磷酸化过程体现了蛋白质结构与功能相适应的观点

B．这些蛋白质特定磷酸化位点的氨基酸缺失，不影响细胞信号传递

C．作为能量"通货"的 ATP 能参与细胞信号传递

D．蛋白质磷酸化和去磷酸化反应受温度的影响

5．在无任何相反压力时，渗透吸水会使细胞膨胀甚至破裂，不同的细胞用不同的机制解决这种危机。高等动物、高等植物与原生生物细胞以三种不同的机制（见图 4.52）避免细胞渗透膨胀。下列相关叙述错误的是（　　　）。

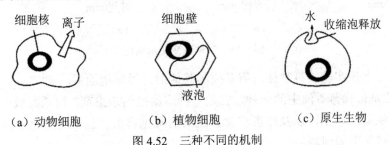

（a）动物细胞　　　　（b）植物细胞　　　　（c）原生生物

图 4.52　三种不同的机制

A．动物细胞避免渗透膨胀需要转运蛋白的协助

B．植物细胞吸水达到渗透平衡时，细胞内外溶液浓度相等

C．三种细胞的细胞膜均具有选择透过性

D．若将原生生物置于高于其细胞质浓度的溶液中，其收缩泡的伸缩频率会降低

6．关于胡萝卜素提取过程中相关操作及原因对应关系不正确的是（　　　）。

A．胡萝卜块粉碎——使胡萝卜素能够充分溶解

B．胡萝卜块干燥——除去胡萝卜中的水分

C．对萃取液蒸馏——提高萃取液中胡萝卜素浓度

D．萃取时加冷凝装置——防止胡萝卜素挥发

二、非选择题

1．将一个土豆（含有过氧化氢酶）切成大小和厚薄相同的若干片，放入盛有一定体积和浓度的过氧化氢溶液的针筒中（见图 4.53），以探究酶促反应的相关问题。根据实验现象与数据分析答题。

（1）土豆片为 4 片时，20 min 后，如图 4.54 所示，气体量不再增加的原因是_____。

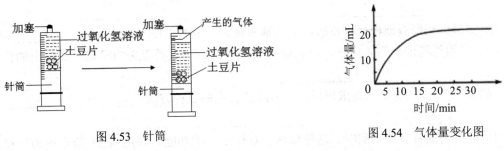

图 4.53　针筒　　　　　　　　图 4.54　气体量变化图

（2）如图 4.55 所示，若土豆片为 8 片时，和上述实验所得的曲线（实线）相比，实验结果的曲线最可能是下列_____图中的虚线。如果要获得更多的气体，在不改变溶液体积

的条件下，可采取的方法是_____，其结果可用_____图中的虚线表示。

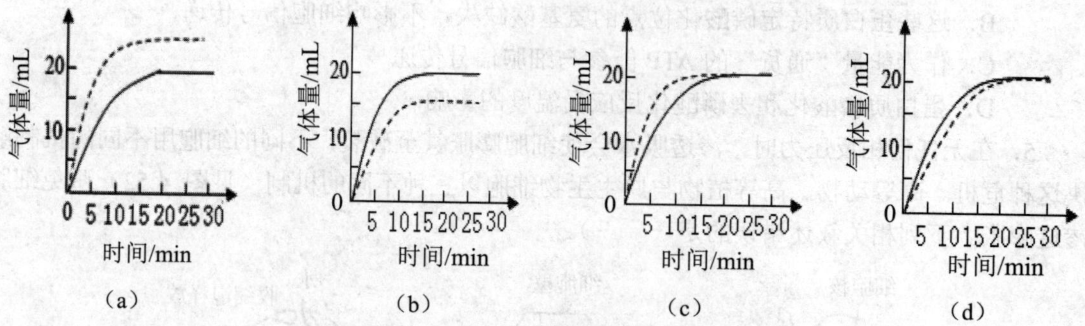

图 4.55　气体量变化示意图

（3）为保证上述实验的科学性，需要控制其他的外界环境因素，如_____。

2. 柠檬油是植物芳香油中的一种，它是一种广谱性的杀虫剂，可杀死蚊子、苍蝇、蟑螂和臭虫等传染疾病的害虫，以及危害粮食、蔬菜的常见害虫，包括幼虫、蛹等，被称为一种绿色杀虫剂。回答下列问题：

（1）柠檬油的挥发性_____，易溶于_____，比重较_____。

（2）提取柠檬油常见的原料是柠檬花与柠檬果皮，嫩的花朵在蒸馏过程中，精油易被水蒸气分子破坏，所以可采用_____法。柠檬果皮精油的提取适宜采用_____法，此种方法是通过_____将柠檬油从混合物中分离出来，必经步骤如图 4.56 所示。

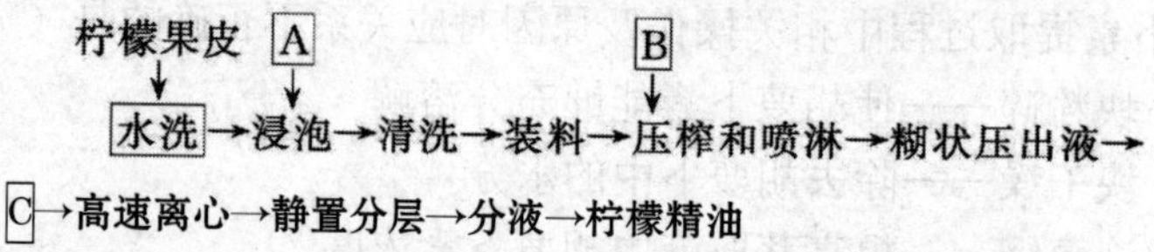

图 4.56　柠檬油分离步骤

根据实验流程图回答下列问题：

① A 过程是_____，目的是_____。

② B 过程一般加入相当于柠檬果皮质量 0.25%的小苏打和 5%的硫酸钠，其目的是
_____。

③ C 过程为_____，目的是_____
_____。

④ 实验过程中浸泡柠檬果皮后，需用清水洗涤，其目的是_____。

（3）采用柠檬油作为杀虫剂，可以解决其他杀虫剂给人类带来的隐患，其突出的优点是
_____。

（4）从生产绿色食品的要求出发，写出防治害虫的三种方法：_____
_____。

3. 薄荷精油具有清咽润喉、消除体味、舒缓身心的功能。如图 4.57 所示为薄荷精油的提取装置。请回答下列问题：

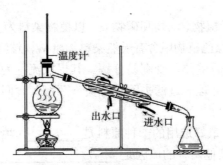

图 4.57　薄荷精油的提取装置

（1）薄荷精油具有_____的特点，因此可采用图 4.57 所示的装置进行提取。该装置收集到的并不是纯净的薄荷精油，而是乳浊液，是因为_____。

（2）据图分析，进水口在下、出水口在上的目的是_____。

（3）向乳浊液中加入适量的氯化钠，薄荷油将分布于液体的_____（填"上层"或"下层"），然后用_____将这两层分开。

4．工业上所说的发酵是指微生物在有氧或无氧条件下，通过分解与合成代谢将某些原料物质转化为特定产品的过程。利用微生物发酵制作酱油，在我国具有悠久的历史。某企业通过发酵制作酱油的流程示意图，如图 4.58 所示。

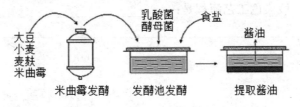

图 4.58　酱油的制作流程示意图

回答下列问题：

（1）在米曲霉发酵过程中，加入大豆、小麦和麦麸可以为米曲霉的生长提供营养物质，大豆中的_____可为米曲霉的生长提供氮源，小麦中的淀粉可为米曲霉的生长提供_____。

（2）米曲霉发酵过程的主要目的是使米曲霉充分生长繁殖，大量分泌制作酱油过程所需的酶类，这些酶中的_____、_____能分别将发酵池中的蛋白质和脂肪分解成易于吸收、风味独特的成分，如将蛋白质分解为小分子的肽和_____。米曲霉发酵过程需要提供营养物质，通入空气并搅拌，由此可以判断米曲霉属于_____（填"自养厌氧""异养厌氧"或"异养好氧"）微生物。

（3）在发酵池发酵阶段添加的乳酸菌属于_____（填"真核生物"或"原核生物"）；添加的酵母菌在无氧条件下分解葡萄糖的产物是_____。在该阶段抑制杂菌污染和繁殖是保证酱油质量的重要因素，据图分析该阶段中可以抑制杂菌生长的物质是_____（答出一点即可）。

5. 天然染料一般来源于植物、动物和矿物质，以植物染料为主。植物染料是从植物的根、茎、叶及果实中提取出来。绿色植物甲含有天然染料物质 W，该物质为无色针状晶体，易溶于极性有机溶剂，难溶于水，且受热、受潮易分解。其提取流程为：植物甲→粉碎→加溶剂→振荡→收集提取液→活性炭处理→过滤去除活性炭→蒸馏（含回收溶剂）→重结晶→成品。回答下列问题：

（1）在提取物质 W 时，最好选用的一种原料是_____（填"高温烘干""晾干"或"新鲜"）的植物甲，不宜选用其他两种的原因是_____
_____。

（2）提取物质 W 时，振荡的作用是_____
_____。

（3）活性炭具有很强的吸附能力，在提取过程中，用活性炭处理提取液的目的是
_____
_____。

（4）现有丙酮（沸点为 56℃）、乙醇（沸点约为 78℃）两种溶剂，在提取物质 W 时，应选用丙酮作为提取剂，理由是_____
_____。

（5）该实验操作过程中应注意的事项是_____
_____（答出两点即可）。

（6）植物染料的一般染色工艺流程是：_____
_____。

第五章 环境中的生物

环境生物学是环境科学的一个分支，研究生物与受人类干预的环境之间相互作用的规律及其机理。它主要探讨环境污染的生物效应、生物净化、生物监测和评价，环境污染对生态系统结构和功能的影响，生物资源的合理开发利用和保护，等等，使我们充分理解环境污染和生物之间的相互作用，更深层次地认识到环境保护的重要性。

本章通过生态瓶、豆芽的种植、向日葵的种植、蝴蝶的养殖、水中游的叶片、瓶子吹气球、多肉植物组合盆栽、微生物的艺术——细菌作画等环境中的生物工程项目的开发与制作，创客们体验了生物监测、生物效应、生物资源合理开发以及生态环境保护等应用过程，揭开了环境生物学的神秘面纱。

本章主要项目

➢ 生态瓶
➢ 豆芽的种植
➢ 向日葵的种植
➢ 蝴蝶的养殖
➢ 水中游的叶片
➢ 瓶子吹气球
➢ 多肉植物组合盆栽
➢ 微生物的艺术——细菌作画

第一节 生 态 瓶

知识链接

美国太空总署火箭推进实验室里进阶生命支持计划的科学家汉生，发现细小的盐水虾、藻类及蜗牛可以在一个封闭的系统内生存一段很长的时间。藻类在光合作用下合成有机物；小虾吃藻类得以维生；细菌将小虾的粪便分解成藻类的养分。这三种生物体在这个封闭的系统内形成一个共生自足的"微型世界"。

生态瓶就是一个人工模拟的微型生态系统，将少量的植物、一些小动物和其他非生物物质放入一个密封的玻璃瓶中，放置在散光中，短时间内维持一定的生态平衡。生态系统的稳定性与它的物种组成、营养结构和非生物因素都有着密切的关系。

生态系统是指在一定的空间内，由生物群落与它的非生物环境相互作用而形成的统一整体。生态平衡是指生态系统的结构和功能处于相对稳定的一种状态。

生态系统的组成成分包括非生物物质和能量、生产者、消费者和分解者。生态瓶中植物（黑藻）作为生产者，利用光和水中的二氧化碳（生物呼吸作用产生）进行光合作用，产生氧气，氧气供给小动物（金鱼）、细菌和藻类利用。小动物（金鱼）为消费者，以植物（黑藻）和细菌为食。细菌为分解者，将小动物（金鱼）的粪便分解成无机物，供植物（黑藻）使用。

项目任务

设计一个生态瓶，观察生态瓶中生物的生存状况和存活时间的长短，了解生态系统的稳定性及影响稳定性的因素。

探究活动

所需器材：金鱼（锦鲤）两条、水草、密封玻璃罐、沙土、池水。

探究步骤

（1）在生态瓶中装上一层沙土，如图 5.1 所示，注入池水至生态瓶的 2/3。

（2）在生态瓶中放入一些水草、两条金鱼，盖上盖子，确保实验装置不漏气，如图 5.2 所示。

图 5.1　在玻璃瓶中加入沙土

图 5.2　生态瓶

（3）将生态瓶放置阳台，注意阳光不能直射。

（4）每天观察生态瓶内的金鱼活跃情况、池水浑浊情况和水草情况，并且详细记录在表 5.1 中。

表 5.1　生态瓶观察表

时　间	金鱼活跃情况	池水浑浊情况	水草情况
第一天			
第二天			
第三天			
第四天			
第五天			
第六天			
第七天			
第八天			
第九天			
第十天			

想一想

1．该生态瓶的生态系统包括哪些组成成分？
2．在第七天时发现水草长得更茂盛，原因是什么？

温馨提示

注意玻璃瓶的使用安全。

成果展示

金鱼在生态瓶中生活第十四天的情况，如图 5.3 所示。你可以让身边的亲戚、朋友来观看，分享你的成果。

图 5.3　生态瓶中的金鱼

思维拓展

该生态瓶中存在一条什么样的食物链？生态瓶中各生态系统组成成分存在什么相互关系？从本项目出发，我们还可以从哪些方面进行拓展创新？如图 5.4 所示。

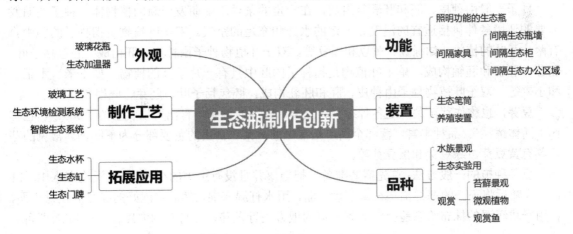

图 5.4　生态瓶制作创新思路示意图

想创就创

苏州淳和环境科技有限公司的姚蔼芸发明了一种生态瓶，其获得国家专利：ZL201810376358.2。

本发明公开了一种生态瓶，包括底座和壳体，底座设有照明灯和电源开关；壳体的内部设有若干个气囊，壳体的内表面设有凹槽，凹槽的内部设有顶针和顶针固定板，顶针固定板的另一侧连接有防水电机，凹槽的侧壁设有内螺旋纹，顶针固定板的侧壁设有外螺旋纹；壳体的内部中心设有微生物培育装置，微生物培育装置包括多个嵌套的球形挡板，多个嵌套的球形挡板包括第一球形挡板和第二球形挡板，还包括水生植物、水生动物和水；设有控制器和氧气浓度传感器。这种生态瓶可长时间不用更换水，长时间不用投食，需要的人工设备少，携带方便，动植物的存活概率高。

请大家下载该专利技术方案并认真阅读，说出它的创意和创新点，然后想想有什么启发。

尝试创造一个生态瓶，按表 5.2 制作四个生态瓶，探究黑藻、小金鱼、小沙石、阳光对生态瓶中的生态系统稳定性的作用。

表5.2 生态瓶中的生态系统稳定性观察表

	黑 藻	小 金 鱼	小 沙 石	阳 光
组一	+	+	+	+
组二	−	+	+	+
组三	+	+	−	+
组四	+	+	+	−

注："+"表示加入；"−"表示不加入。

第二节　豆芽的种植

知识链接

种子一般由种皮、胚和胚乳等组成，在一定的条件下能萌发成新的植物体。种子的萌发需要的环境条件包括适宜的温度、一定的水分和充足的空气。双子叶植物是指种子的胚中具有两片子叶的植物，如绿豆、黄豆和黑豆等。双子叶植物种子由种皮和胚构成，胚包括子叶、胚芽、胚根和胚轴构成。单子叶植物是指种子的胚中具有一片子叶的植物，如玉米、水稻、和小麦等。双子叶植物种子由种皮、胚和胚乳构成，胚包括子叶、胚芽、胚根和胚轴。

豆芽，也称作芽苗菜，是各种谷类、豆类、树类的种子培育出可以食用的"芽菜"，也称作"活体蔬菜"。品种丰富，营养全面，是常见的蔬菜。食用的主要部分为下胚轴。常见的芽苗菜有黄豆芽、绿豆芽和黑豆芽等。

豆芽种植的一般方法：首先需要准备一把健康并且没有虫害的绿豆，将它浸泡在水中 24 h以上。随后将干净的海绵铺垫在育苗盘里面，用水打湿海绵，然后将泡好的绿豆洒在盘里面，再用一块潮湿的抹布给它盖上，放到凉爽的地方进行发芽，保持它的温度在 20℃左右即可。

项目任务

1．了解影响种子萌发的外界因素。
2．掌握种植豆芽的流程。

探究活动

所需器材： 50 g 绿豆、两块笼屉布、两块新抹布/干净布、笼屉格、锅、盆。
探究步骤

（1）在 50 g 绿豆中加入清水泡发 12 h，如图 5.5 所示，绿豆要选择当年产的、无损坏的。

（2）在笼屉格上铺上湿笼屉布（干净布），将泡发绿豆平铺在笼屉布上，如图 5.6 所示；盖上新抹布（干净布），如图 5.7 所示；用水淋透布，盖上锅盖，如图 5.8 所示，切记要遮光处理。泡发豆芽装备可以采用洗蔬菜盆。

（3）每隔 12 h 换水一次，把锅中的水倒掉，再用水淋透布。夏天气温高，大概四五天可以采摘豆芽；冬天气温低，大概五六天可以采摘豆芽，如图 5.9～图 5.12 所示。

图 5.5 泡发 12 h 后的绿豆

图 5.6 平铺绿豆

图 5.7 盖上布

图 5.8 遮光处理

图 5.9 第 1 天的豆芽

图 5.10 第 1.5 天的豆芽

图 5.11 第 3 天的豆芽

图 5.12 第 4 天的豆芽

想一想

1. 为什么要经常换水？
2. 在发豆芽的过程中为什么要做遮光处理？

温馨提示

1. 绿豆要选择当年产的、无损坏的，提高发芽率。
2. 发豆芽过程中不要拿开盖在上面的布，注意避光，豆芽才能长得更粗壮。
3. 如果豆芽出现霉菌，请勿食用。

成果展示

种植成功的豆芽如图 5.13 所示。你可以让身边的亲戚、朋友来观看，分享你的成果。

图 5.13　豆芽

思维拓展

不同温度对绿豆萌发有什么影响？除了绿豆可以在家发芽，黄豆也可以在家发芽。通过绿豆萌发原理，试想，水稻又是如何种植的？你也可以参考图 5.14 所示的绿豆芽种植创新思路示意图进行探索创新。

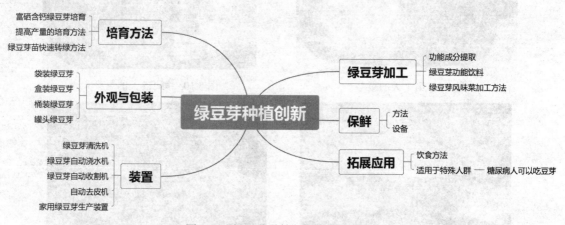

图 5.14　绿豆芽种植创新思路示意图

想创就创

宜春学院的赵志刚、韩成云、王重庆、詹秦、晋戈等人发明了一种利用黄秋葵果荚提取液提高绿豆芽产量的方法，其获得国家专利：ZL201510915212.7。

这种方法包括以下步骤：① 黄秋葵果荚提取液的制备。将新鲜黄秋葵清洗、杀菌、压榨，取出黄秋葵果荚压榨处理物，放入黄秋葵果荚压榨处理物重量的 1～2 倍的纯水，并搅拌均匀，然后静置 1.5～3 h，经 100 目滤筛过滤，去除滤渣，滤液即为黄秋葵果荚提取液。② 绿豆预处理。③ 绿豆育芽装置的准备。将步骤①制备的黄秋葵果荚提取液用纯净水稀释 450～6000 倍后作为豆芽机催芽水泵的水源。④ 绿豆育芽。利用黄秋葵果荚提取液生产绿豆芽的方法，操作简单，绿豆芽培育周期短，提高了绿豆芽胚茎长和单株生物量，与传统生产的绿豆芽的方法相比，采用本发明方法的绿豆芽产量提高了 15%以上，甚至高达 31.80%。

请大家下载该专利技术方案并认真阅读，找出它的创意或创新点，然后想想有什么启发。请结合以上发绿豆芽的方法，在家尝试发黄豆芽或者黑豆芽。

第三节　向日葵的种植

知识链接

向日葵（拉丁学名：Helianthus annuus L.；英文名：Sunflowers）是菊目、菊科、向日葵属的植物，因花序随太阳转动而得名。它是菊科向日葵属的一年生草本植物，头状花序，观赏价值高。花序边缘是黄色的舌状花，不结实；而花序中部是棕色或紫色的管状花，能结实。果实是矩卵形瘦果，灰色或黑色，称为葵花子。葵花子营养丰富，富含蛋白质、不饱和脂肪酸、多种维生素和微量元素等，味道可口，常炒制之后作为休闲食品，种子也可以用来榨油。

野生向日葵栖息地主要是草原以及干燥、开阔的地区。它沿着路边、田野、沙漠边缘和草地生长，在阳光充足、潮湿或受干扰的地区生长最好。向日葵原产南美洲，驯化种由西班牙人于 1510 年从北美洲带到欧洲，最初为观赏用。19 世纪末，向日葵又被引回北美洲。世界各国和中国均有栽培向日葵，通过人工培育，在不同环境中形成许多品种，特别在头状花序的大小、色泽及瘦果形态上有许多变异，是综合利用的最好原料。它主要分两大类，即食用和观赏。向日葵种子叫葵花子，含油量很高，为半干性油，味香可口，供食用。它的花穗、种子皮壳及茎秆可作为饲料及工业原料，如制人造丝及纸浆等，花穗也供药用。

如何种植向日葵？向日葵的品种很多，先确定好优良品种，之后买好种子。在播种之前，先将向日葵种子浸泡到温水中一段时间。在播种之前整理好土壤，也可以使用育苗盘来播种育苗，事先将配制好的土壤装进去。在春季 3—4 月份播种，将种子播撒到土壤表面，覆盖上一层薄土，播种后大约 3～4 天能发芽，之后进行移栽。

项目任务

用向日葵种子播种，观察其生长过程。

探究活动

所需器材：向日葵种子、花盆、肥料、水。

探究步骤

（1）挑选颗粒饱满、大小合适的健康种子，如图 5.15 所示，将种子浸泡到 35℃温水中 4 h，促使种子提高萌发速度和发芽率，如图 5.16 所示。

（2）选择土质松软、透气、排水好的土壤，往土壤中施入足够的肥料，将向日葵的种子均匀地插到土壤中，要把种子的尖头朝下，土不要盖太厚，可适量浇水，如图 5.17 所示，5～7 天后种子发芽，如图 5.18 所示。

图 5.15　葵花子

图 5.16　浸种

图 5.17　播种

图 5.18　种子萌芽

（3）种子萌芽后，可给予充足的光照和水分，长出 3～5 片真叶时就可以移栽。移栽之后施入足够的水分，定期中耕松土，经过两个月长出 60～80 cm 高的向日葵，如图 5.19 所示，大约 3 个月开花结果，如图 5.20 所示。

（4）向日葵最外面那圈金黄色的像一个个花瓣的是舌状花，花盘中心那些密密麻麻的小花是管状花，几乎每朵管状花都能结一粒葵花子，如图 5.21 和图 5.22 所示。

图 5.19　向日葵苗

图 5.20　向日葵开花

图 5.21　管状花

图 5.22　结实

想一想

1. 浸种的作用是什么？
2. 施肥后为什么要适量浇水？

温馨提示

1. 发霉的瓜子含有黄曲霉素，有致癌风险，请勿食用。
2. 如吃到苦的瓜子，一定要及时吐掉并且漱口。

成果展示

向日葵开花结果，如图 5.23 和图 5.24 所示。你可以让身边的亲戚、朋友来观看，分享你的成果。

图 5.23　向日葵

图 5.24　葵花子

思维拓展

向日葵的管状小花中含的纤维很丰富，受到阳光照射后温度升高，基部的纤维会发生收缩，从而使花盘主动地转换方向来接受阳光，但这种向日的朝拜直到成熟开花时就会停止。除此之外，还可以从哪些方面进行探究创新？请大家参考图 5.25 所示的向日葵种植创新思路示意图拓展思路。

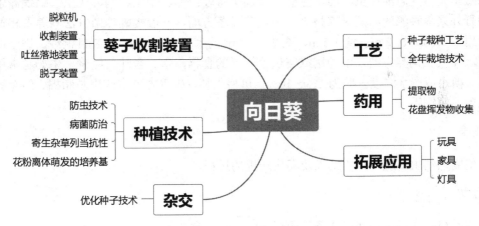

图 5.25　向日葵种植创新思路示意图

想创就创

河北双星种业有限公司的范冬冬、党继革、代云志、李涛、吴涛、赵翠媛、高雪萍、张慧等人发明了一种向日葵花粉离体萌发的培养基及测定向日葵花粉活力的方法，其获得国家专利：ZL201510145855.8。

本发明提供了一种向日葵花粉离体萌发的培养基及测定向日葵花粉活力的方法，涉及一种花粉萌发能力的测定方法，特别是涉及一种用于向日葵的花粉萌发能力测定的方法。其目的是为了提供一种向日葵最适合的花粉离体萌发培养基和高效、快速、简便测定向日葵花粉活力的方法。本发明的向日葵花粉离体萌发的培养基包括蔗糖、硼酸、$CaCl_2 \cdot 2H_2O$、PEG4000、$MgSO_4 \cdot 7H_2O$、KNO_3、KH_2PO_4、KCl、Na_2EDTA、$FeSO_4 \cdot 7H_2O$、$Na_2MoO_4 \cdot 2H_2O$、$CuSO_4 \cdot 5H_2O$、$CoCl_2 \cdot 6H_2O$、VB_1 和 VB_6。本发明测定向日葵花粉活力的方法包括：制备培养基；采集花粉；培养花粉；镜检。本发明的培养基配制简单，成本低；本发明测定向日葵花粉活力的方法简便、易于操作。本发明用于向日葵花粉萌发能力的测定领域。

请大家下载该专利技术方案并认真阅读，找出它的创意和创新点，然后想想有什么启发。请你探究不同浸种温度和时间对向日葵种子发芽的影响。

第四节　蝴蝶的养殖

知识链接

蝶，通称为"蝴蝶"，是节肢动物门、昆虫纲、鳞翅目、锤角亚目动物的统称。蝴蝶是一种昆虫，全世界大约有 14 000 多种，我国常见的品种有菜粉蝶、玉带凤蝶、金斑蝶等。

蝴蝶一般色彩鲜艳，翅膀和身体有各种花斑，有的翅膀上会有像眼睛的图案，例如蛇眼蝶，起到警戒和恐吓的作用。而有的蝴蝶会利用保护色和拟态，与周围的颜色保持一致，例如枯叶蝶，像一片枯的树叶，起到隐蔽的作用。最大的蝴蝶展翅可达 30～32 cm 左右，最小的蝴蝶展翅只有 0.3 cm 左右。蝴蝶和蛾类的主要区别是，蝴蝶头部有一对棒状或锤状触角，蛾的触角形状多样。

蝴蝶是完全变态的昆虫，即一生会经过四个阶段：卵、幼虫、蛹、成虫。蝴蝶养殖技术是一种野外采集种源的养殖蝴蝶技术。在饲养设备方面，一般蝴蝶养殖方法与养蚕相似，饲养笼为用木条制成长 2 m、宽 1.5 m、高 1.8～2 m 的木架，上覆 16～18 目铜纱、铁纱或尼龙布即可。在成虫饲养方面，留种用蝶需供给充足的食物，水、蜜汁、糖浆、牛奶是常用的液体饲料。糖水或蜜水浓度一般为 1%～10%，可盛入杯、碟等容器中或用脱脂棉、纱布吸饱后再放入容器中饲喂。

项目任务

养殖蝴蝶幼虫，观察其化蛹以及羽化成蝶的过程。

探究活动

所需器材：大帛斑蝶幼虫 2 条、爬森藤叶、饲养盒。

探究步骤

（1）幼虫饲养。将爬森藤叶放入饲养盒作为蝴蝶幼虫的食物，如图 5.26 所示；蝴蝶幼虫吃完食物后会排出黑色的粪便，如图 5.27 所示，但要注意每天清洁饲养盒。

（2）化蛹前的准备。化蛹前饲养盒内可放上干毛巾。幼虫化蛹的征兆是大便湿度大，身体颜色发绿，活动较少。化蛹前幼虫爬到盒子顶部，做了个结实的丝垫，如图 5.28 所示，将自己的身体倒挂着，如图 5.29 所示。

（3）化蛹。蝴蝶幼虫进入蛹期，不需要进食和排泄，尽量不要打扰它。观察它的结构变化，如图 5.30 所示。

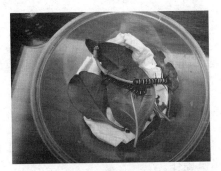

图 5.26　蝴蝶幼虫进食

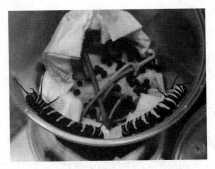

图 5.27　蝴蝶幼虫拉出黑色的粪便

图 5.28　幼虫在盒子顶部吐丝

图 5.29　幼虫身体倒挂

图 5.30　蝴蝶蛹

（4）羽化成蝶。每隔两天给蝴蝶蛹喷一次水，保持一定的湿度，化蛹两周左右便会羽化成蝶，如图 5.31 所示。刚从蛹里羽化的蝴蝶翅膀又湿又软，需要爬到高处晾晒翅膀，饲养盒里放的干毛巾就给了蝴蝶方便攀爬的路径，如图 5.32 所示。

图 5.31　羽化成蝶（1）

图 5.32　羽化成蝶（2）

想一想

1. 蝴蝶羽化盒应该怎样设计才能有助于蝴蝶晾晒翅膀？
2. 变态发育的动物除了蝴蝶，还有哪些？

温馨提示

1. 饲养蝴蝶幼虫过程中，注意每天清洁饲养盒，请做好个人手部的清洁卫生工作。
2. 请勿直接用手摸蝴蝶，对蝴蝶过敏者请谨慎操作。

成果展示

化蛹两周左右便会羽化成蝶，除了上文中的大帛斑蝶，还有枯叶蝶等，如图 5.33 和图 5.34 所示。你可以让身边的亲戚、朋友来观看，分享你的成果。

图 5.33　枯叶蝶（1）

图 5.34　枯叶蝶（2）

思维拓展

蝴蝶与飞蛾的异同点有哪些？除此之外，还可以从哪些方面进行探究创新？请大家参考图 5.35 所示的蝴蝶养殖创新思路示意图拓展思路。

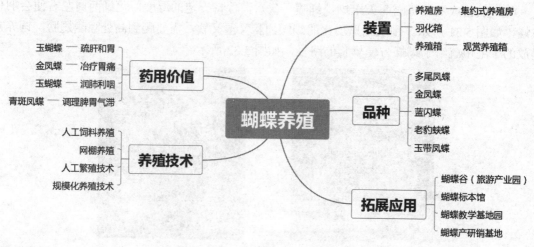

图 5.35　蝴蝶养殖创新思路示意图

想创就创

郑州中昆农业技术开发有限公司的韩朝芳发明了一种蝴蝶养殖羽化箱，其获得国家专利：ZL202020607082.7。

本实用新型专利公开了一种蝴蝶养殖羽化箱，其包括底座、以弧形透明耐力板拼合成的圆柱形外壳、位于外壳中心的中心立柱、位于外壳内部的蛹架和铁网，以及位于外壳顶部的放飞网盖。弧形透明耐力板为圆等分弧度的长形弯弧板结构，直立地设置在底座和顶部支撑圆环之间，其中部分可开合的弧形透明耐力板作为开合门。本实用新型专利采用的弧形透明耐力板形成的圆柱外壳，方便观察，具有观赏性，使用方便；其内设置的蛹架和铁网成三角连接放置，设置稳固；其顶部放飞盖采用瓣状放飞网搭接的方式，进而便于蝴蝶放飞；中心立柱上方成展开的喇叭结构，便于遮风挡雨，为蝴蝶羽化提供安全稳定的内部环境。

请大家下载该专利技术方案并认真阅读，找出它的创意和创新点，然后想想有什么启发。蚕是蚕蛾的幼虫，与蝴蝶类似，也会结茧变成蛹，再羽化成蛾，蚕丝是丝绸原料的主要来源，大家可以尝试一下养蚕。

第五节　水中游的叶片

知识链接

光合作用是植物利用光合色素，将二氧化碳和水转化成有机物，并释放出氧气的过程。光合作用强度可以通过测定一定时间内原料（如二氧化碳）的消耗量或产物（如氧气）生成的数量来定量地表示。我们可以利用真空渗水法，即先抽出叶片内的空气，再使叶片细胞间隙充满水，叶片便会沉入水底。随后使叶片进行光合作用，产生了氧气，叶片可以浮上水面，叶片上浮的快慢在一定程度上便可以体现氧气产生的多少。

光合作用的过程是一个比较复杂的问题，从表面上看，光合作用的总反应式似乎是一个简单的氧化还原过程，但实质上包括一系列的光化学步骤和物质转变问题。根据现代的资料，整个光合作用大致可分为下列三大步骤：① 原初反应，包括光能的吸收、传递和转换；② 电子传递和光合磷酸化，形成活跃化学能（ATP 和 NADPH）；③ 碳同化，把活跃的化学能转变为稳定的化学能（固定的 CO_2，形成糖类）。

项目任务

运用真空渗水法探究 CO_2 浓度对光合作用的影响。

探究活动

所需器材：红花羊蹄甲叶子、$NaHCO_3$ 溶液、蒸馏水、打孔器、一次性塑料注射器、量筒、烧杯、40W 台灯、镊子、秒表。

探究步骤

（1）制备叶圆片：取长势相同的 5 片树叶上下重叠，用直径为 1 cm 的打孔器垂直打孔，获得直径为 1 cm 的小叶圆片，如图 5.36 所示。

（2）每次各取 10 片叶圆片，用镊子轻轻夹起，放入已吸入 10 mL 水的注射器中，推动活塞排除注射器前端的空气，如图 5.37 所示。

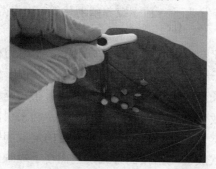

图 5.36　制备叶圆片

图 5.37　排出空气

（3）制备真空叶片：用手指堵住注射器前端的小孔，将注射器活塞缓缓用力向后拉，如图 5.38 所示，连续 8～10 次，使叶圆片全部下沉至水底，如图 5.39 所示。

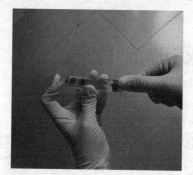

图 5.38　制备真空叶片

图 5.39　叶片沉入水底

（4）取 7 只小烧杯，1 号烧杯中加入 30 mL 蒸馏水，2～7 号烧杯中分别加入 30 mL 浓度为 0.5%、1%、1.5%、2%、3% 和 4% 的 $NaHCO_3$ 溶液。所用试剂如图 5.40 所示。

图 5.40　所用试剂

（5）每只烧杯中分别放入 10 片制备好的真空叶圆片，完全摊开后均匀置于烧杯底部，如图 5.41 所示。

（6）将 1～7 号烧杯分别等距离置于 40 W 的光源下，开启电源后立即开始计时，观察并记录每片叶片上浮到液面所需的时间，如图 5.42 所示。

图 5.41　真空叶圆片

图 5.42　叶圆片进行光合作用

想一想

1. NaHCO₃ 溶液的作用是什么？

2. 叶圆片上浮说明了什么？

温馨提示

如购买的注射器前端有针头，应将其拔掉，注意使用安全。

成果展示

观察 1～7 号烧杯中每片叶片上浮到液面所需的时间，如图 5.43 所示，我们会发现不同 NaHCO₃ 浓度条件下叶圆片上浮到液面所需的时间不同，如表 5.3 所示。你可以让身边的亲戚、朋友来观看，分享你的成果。

图 5.43　上浮的叶片

表 5.3　不同 $NaHCO_3$ 浓度条件下叶圆片上浮到液面所需的时间

$NaHCO_3$ 浓度	叶圆片上浮到液面所需的时间										
	第 1 片	第 2 片	第 3 片	第 4 片	第 5 片	第 6 片	第 7 片	第 8 片	第 9 片	第 10 片	平均值
蒸馏水	/	/	/	/	/	/	/	/	/	/	/
0.5%	5'30"	6'13"	7'26"	7'50"	9'28"	9'55"	12'16"	14'30"	18'35"	22'56"	11'24"
1%	4'50"	5'33"	6'08"	6'36"	8'18"	9'29"	10'36"	10'56"	13'45"	16'33"	9'04"
1.5%	3'06"	3'28"	3'43"	3'56"	4'34"	5'02"	5'18"	5'36"	6'06"	6'16"	4'55"
2%	2'18"	3'12"	3'26"	3'28"	4'08"	4'13"	4'21"	4'58"	5'16"	7'46"	4'15"
3%	1'13"	1'52"	1'52"	1'54"	2'33"	2'45"	2'56"	4'18"	4'41"	4'56"	2'62"
4%	1'03"	1'08"	1'18"	1'36"	1'48"	2'03"	2'31"	2'45"	3'12"	3'38"	1'94"

在一定范围内，随着 NaHCO₃ 浓度的升高，叶片上浮时间的平均值逐渐减少，即光合作

用速率逐渐增强。

思维拓展

除了二氧化碳浓度，光照强度、水分和温度等也是影响光合作用强度的因素，请你设计方案探究光照强度对光合作用强度的影响。除此之外，还可以从哪些方面进行创新？如图 5.44 所示。

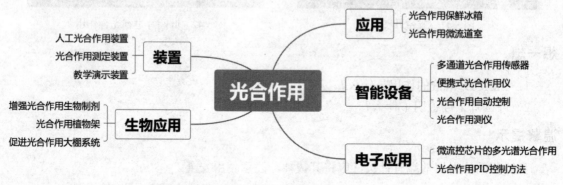

图 5.44　光合作用创新思路示意图

想创就创

珠海格力电器股份有限公司的胡晓宏发明了光合作用保鲜灯及具有该光合作用保鲜灯的冰箱，其获得国家专利：ZL201220207637.4。

本实用新型专利提供光合作用保鲜灯和具有该光合作用保鲜灯的冰箱。本实用新型专利提供的光合作用保鲜灯包括：多个 LED 灯，LED 灯包括第一引脚和第二引脚；灯座，LED 灯安装在灯座上，灯座上包括第一排引脚插孔和第二排引脚插孔，第一排引脚插孔的多个引脚插孔之间电连通，第二排引脚插孔的多个引脚插孔之间电连通，LED 灯的第一引脚插入第一排引脚插孔中的一个引脚插孔，LED 灯的第二引脚插入第二排引脚插孔中的一个引脚插孔。本实用新型专利的主要优点是，在灯座上设置可单独插拔的多个引脚，便于单个 LED 灯的更换，有利于修理维护。进一步地，通过控制器控制四引脚 LED 灯的颜色和开闭，可针对蔬果进行不同颜色和时长的光照，提高保鲜效果。

请大家下载该专利技术方案并认真阅读，找出它的创意和创新点，然后想想有什么启发。如果没有打孔器，可以用单子叶植物，如韭菜，使用剪刀和尺子等工具制备叶方片，请你用叶方片探究一下 CO_2 浓度对光合作用强度的影响。

第六节　瓶子吹气球

知识链接

温室效应一方面是由于人类大量燃烧化石燃料，如煤、石油和天然气等，释放大量的二氧化碳、甲烷等温室气体，导致大气的保温作用增强；另一方面是人类大量砍伐森林，特别是热带雨林面积的大量减少，导致光合作用中的二氧化碳的吸收量减少。以上两点共同导致全球气候变暖，地球的整体气温上升趋势，将会导致两极和高山地区的冰川融化，海平面上升，淹没沿海低地国家。另外，全球气候变暖，导致地球生态环境发生变化，影响陆生和海生生物的生存，甚至导致物种灭绝，例如贝壳类生物的贝壳主要由碳酸钙组成，二氧化碳属于酸性气体，易溶于水中，产生碳酸，会与碳酸钙反应，腐蚀贝壳。全球气候变暖还会引发各种自然灾害的发生，包括一些极端天气的变化。

瓶子吹气球就是利用温室效应原理实现的。小苏打倒入装有白醋的玻璃瓶瞬间，玻璃瓶中迅速产生大量的白泡沫，同时套在瓶口的气球一下子膨胀起来。小苏打的主要成分就是碳酸氢钠，当它与白醋混合后，会发生剧烈的化学反应，并产生大量的二氧化碳气体，由于瓶中的二氧化碳气体逐渐增多，气球被吹胀。

项目任务

探究二氧化碳的危害。

探究活动

所需器材： 10 g 小苏打、100 mL 白醋、清水、气球、1 个矿泉水瓶、两个一次性饭盒、蓝色色素、两大块冰块、1 根吸管。

探究步骤

（1）在两个一次性饭盒中加入等量清水，各滴入 3 滴蓝色色素，放入冰块，如图 5.45 所示。冰块相当于地球两极冰川，蓝色液体相当于海洋。

图 5.45　模拟两极冰川

（2）白醋装入矿泉水瓶中，将装有小苏打的气球套在矿泉水瓶上，如图 5.46 所示。将小苏打加入白醋中，小苏打与白醋反应产生二氧化碳，使气球膨胀，如图 5.47 所示。小苏打 10 g，白醋 100 mL，请勿使用过量小苏打和白醋，防止反应过快，气球爆裂，产生伤害。

图 5.46　套上气球

图 5.47　小苏打与白醋反应

（3）气球中的二氧化碳用吸管释放入其中一个模拟冰川液体中，如图 5.48 所示。半个小时后，我们发现加入二氧化碳的冰块融化得很快，而没有加入二氧化碳的冰块融化得很慢，如图 5.49 所示。

图 5.48　二氧化碳释放入液体中　　图 5.49　加入二氧化碳的冰块融化得快

想一想

二氧化碳为什么会加快冰块融化？

温馨提示

请勿使用过量小苏打和白醋，防止反应过快，气球爆裂，产生伤害。

成果展示

探究活动中的实验呈现了一个温室效应的现象，如图 5.50 所示。你可以让身边的亲戚、朋友来观看，分享你的成果。

图 5.50　温室效应

思维拓展

为什么释放入二氧化碳的蓝色溶液颜色会暗沉些？我们可以利用温室效应原理改进或创新生活中的设备或装置，你能举例说明吗？你还可以做哪些方面的创新？如图 5.51 所示。

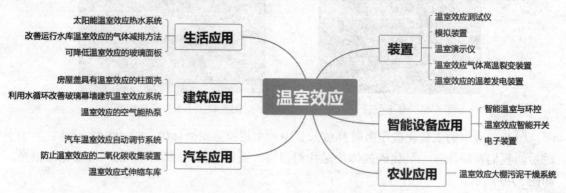

图 5.51　温室效应创新思路示意图

想创就创

山西三合盛节能环保技术股份有限公司的杨立中、林建雄等人发明了一种基于选择性透射温室效应的空气源热泵，其获得国家专利：ZL201820316615.9。当前权利人：山西三合盛智慧科技股份有限公司。

本实用新型专利涉及一种基于选择性透射温室效应的空气源热泵，其包括选择性透射外壳、空气源热泵和蓄热装置。空气源热泵置于选择性透射外壳的内部，选择性透射外壳形成一个密闭空间将空气源热泵密封在内；蓄热装置位于选择性透射外壳的外部，且通过管道与空气源热泵连接；在日间有光照的情况下，通过选择性透射外壳将太阳光的光能转换为热能，以选择性透射外壳内被太阳光加热的空气作为热源，空气源热泵提取热源制热；将空气源热泵中的过剩的热能存储至蓄热装置，供晚间或没有日光的情况下，为人居空间提供热能。

请大家下载该专利技术方案并认真阅读，找出它的创意和创新点，然后想想有什么启发。结合该项目，请探究二氧化碳气体对贝壳类动物的影响。

第七节　多肉植物组合盆栽

知识链接

多肉植物是指植物的根、茎、叶三种营养器官中，叶是肥厚多汁并且具备储藏大量水分功能的植物，也称作"多浆植物"。多肉植物种类繁多，形态奇特，在园林造景上能够展示出浓郁的异国情调，营造出优美的园林艺术效果。除此功能外，它能储藏可利用的水，在土壤含水状况恶化、植物根系不能再从土壤中吸收和提供必要的水分时，它能使植物暂时脱离外界水分供应而独立生存。据粗略统计，全世界共有多肉植物一万余种，在分类上隶属一百余科，多肉还能净化空气。多肉植物中许多种类非常适宜于现代家庭种养，探讨多肉植物室内装饰和布置也越来越受到关注。

在同一容器内栽植多种多肉植物，切不可随心所欲，随意为之。只有遵循合栽的原则进行配置种植，才能取得理想的效果。多肉植物的组合盆栽原则如下。

（1）要有丰富的色彩变化。多肉植物合栽时，应尽可能选择色彩有明显对比的植物种类，以取得色彩多变、亮丽的效果。配置的多肉植物色彩差异较小而缺少变化时，可将色彩有对比的饰品点缀其中，能取得一定的观赏效果。若合栽多肉植物的色彩较为单调，则可在其中点缀白色的兔子和红色的蘑菇，使其色彩丰富自然。

（2）要有形态上的变化。多肉植物合栽时，应尽可能选择株形和叶形有差异的植物，以示形态的多样性。用相同或相似的植物合栽会显得过于单调。

（3）要注意构图上的均衡。合栽时，可将构图的重心置于合栽的中心部位，以取得均衡稳定的效果，也可将构图的重心稍偏于合栽的一侧，以取得均衡并富有动势的效果。但重心不宜过于偏离中心，否则会产生不均衡的结果。

（4）要有合适的间距和疏密有致。多肉植物合栽，特别是生长较迅速的种类合栽时，既要考虑种植时的观赏效果，同时还必须留有适当的间距，以利于种植后植株的正常生长。但间距要适当，不要留空太多，以免构图松散和不统一，影响观赏效果。

（5）要有相同或相似的生态习性。多肉植物因各自的生长环境不同，形成了各不相同的生态习性。如果将习性差异很大的不同种类合栽一起，很难使其俱盛俱荣，甚至造成有的植物生长不良甚至死亡。因此，合栽的多肉植物必须要有相同或相似的生态习性。

项目任务

1．学习多肉植物的栽培方法。

2．掌握多肉植物栽培的配土、浇水、施肥、日照、繁殖、防治虫害与病害等基本栽培技术。

3．分析影响多肉植物生长的条件。

探究活动

所需器材：小铲子、镊子、混合土、容器、肥料、多肉、赤玉土、火山石、报纸。

探究步骤

（1）提前准备容器（花盆）、材料、袋装多肉植物、工具等，如图 5.52 所示。选择一个容器（花盆），提前规划好要将多肉种植在什么位置，加入少许陶粒（赤玉土）到花盆的底部位置，如图 5.53 所示。

图 5.52　准备容器、材料、多肉等　　　　图 5.53　向容器底部加入少许陶粒

（2）再向花盆中放入培养土，覆盖下面的赤玉土，然后放入少量肥料，混合培养土约占容器（花盆）的 1/3，如图 5.54 所示。从袋子中取出多肉植物，清理并去除其根部的土壤，如图 5.55 所示。

图 5.54　加入约占容器（花盆）1/3 的培养土　　图 5.55　取出多肉并去除土壤

（3）用手把植株中多余的叶片掰掉，露出一段根茎，把多肉植物多余的侧根进行适当修剪，如图 5.56 所示。把植株小心翼翼地植入装好土壤的花盆中，同时要调节好植株的高度，加入培养土决定好高度后，一手扶住植株，一手在它的周围加入培养土，如图 5.57 所示。

图 5.56 修剪多肉根部　　　　　　　图 5.57 把多肉固定在容器中并加入培养土

（4）压实泥土、培养土，放入植株后，敲敲花盆，让泥土更加紧实，不留空隙。如果觉得土不够多，就再加一些，如图 5.58 所示。最后在培养土上面再铺上一层赤玉土或者火山石；火山石是多肉生长的好伴侣，可以提供不少微量元素，如图 5.59 所示。

图 5.58 把多肉培养土整理均匀并固定　　　　图 5.59 表面加入赤玉土或者装饰石头

（5）按照自己的喜好种植完毕后，尽量不要再移动已经移植好的小苗，最后完成时，用小铲子添加一些赤玉土或者火山石头即可。把多肉植物从袋装移植到花盆前，先选择好多肉植物的颜色、种类、高低，再决定购买小苗，大致决定一下构图，注意一下植物的平衡与美观，如图 5.60 所示。

图 5.60 整理表面赤玉土或者装饰石头

想一想

1. 为什么栽培多肉植物时不宜使用 100%的泥炭土作培养土？还有哪些影响多肉植物生

长的条件？

2. 为什么多肉植物除播种外还可以用嫁接、扦插、根插等方法进行繁殖？

温馨提示

盆栽出来的多肉植物请勿食用。

成果展示

组合盆栽是指将观赏植物材料经过人们的设计和意愿，运用艺术的手法和合理的配置，将它们搭配后，种植在容器内的一种新型花卉栽培方法。盆栽非常可爱，摆放在茶几等处犹如一件优美的工艺品，说明你的栽培多肉植物成功了。你可以让身边的亲戚、朋友、老师、同学来分享你的成果，也可以拍成 DV 发到朋友圈，让更多的人分享你的成果，如图 5.61 所示。

图 5.61　多肉植物盆栽

思维拓展

近年来，多肉植物在我们的生活中随处可见，它以萌呆可爱、色彩艳丽、多种形态的外表，深受人们的喜爱。将不同种类的多肉植物根据各自的形态和颜色搭配出美观的组合，打造出姿态万千、颜色各异、错落有致、充满艺术感且风格不同的造型，使得多肉植物盆栽变得更加富有生趣。组合盆栽是园艺花卉艺术之一，主要是通过艺术配置的手法将多种观赏植物同植在一个容器内。组合盆栽观赏性强，近年来在欧美和日本等国相当风行，在荷兰花艺界还有"活的花艺、动的雕塑"的美誉。除此之外，还可以从哪些方面进行创新？如图 5.62 所示。

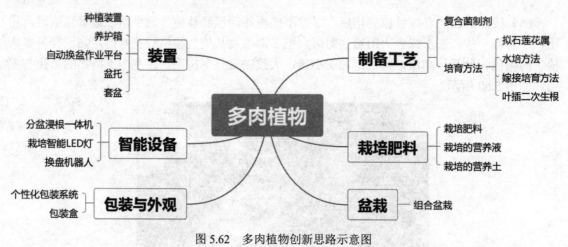

图 5.62　多肉植物创新思路示意图

想创就创

攀枝花丽新园艺技术有限公司的严春新、马英等人发明了拟石莲花属多肉植物的培育方法，其获得国家专利：ZL201511003044.0。

本发明属于植物栽培领域，具体涉及一种拟石莲花属多肉植物的培育方法。针对现有市场上拟石莲花属多肉植物需求量大、出圃苗质量良莠不齐等问题，本发明提供了一种拟石莲花属多肉植物规模化的种植方法，该方法通过对拟石莲花属多肉植物进行扦插和培育、控制环境温湿度、充分进行供水供肥，从而实现规模化种植，得到了品质好的拟石莲花属多肉植物，推动了拟石莲花属多肉植物种植产业的发展。

请大家阅读以上专利技术摘要文档，看看它的创新点在哪里，想想有什么地方还可以模仿创新，然后自己试试研究组合盆栽的培育方法。

第八节　微生物的艺术——细菌作画

知识链接

细菌是自然界分布最广且数量最多的原核生物，细菌的结构简单，主要包括细胞膜、细胞质和拟核，多以二分裂方式进行繁殖。谈到细菌时，我们很多人想到的是它们无处不在，但又微小得无法肉眼可见的特点，只有通过显微镜才能一睹其"芳容"。其实通过微生物培养的方法，也可以在培养基上观察到长成菌落的细菌。科学家发现通过固体培养基来培养细菌，细菌类型不同，菌落的颜色、形状和大小也有所不同。因此科学家们突发奇想，可不可以利用细菌在培养基上颜色各异的特点进行绘画创作呢？于是便有了现在的微生物作画艺术，又被称为琼脂艺术（琼脂作画）或者细菌艺术（细菌作画）。在科学家眼中，细菌不再是谈之色变的病原体，而是大自然馈赠给世间最天然的颜料。

通过不同类型的细菌会形成不同颜色的菌落，有些细菌能产生"色素"，有些细菌能产生一些化学物质和培养基中的反应物进行颜色反应；接种菌种后，通过无菌操作，避免杂菌的混入，待到菌落长成后，一幅幅画作就显现出来了，这就是细菌作画的原理。细菌作画的主要步骤是：配制培养基→倒平板→接种"作画"→细菌培养。但是创作过程对周围环境的要求很高，需要在培养基上作画，作画时要结合菌落的生长情况、菌种的颜色搭配，兼顾培养基的使用方式，还要考虑艺术美。

项目任务

1. 掌握微生物培养的实验技术。
2. 了解细菌的种类、菌落的特征和生长要求。

探究活动

所需器材： LB 固体培养基、大肠杆菌菌液、培养皿、接种环、酒精灯、酒精棉。

探究步骤

1. 配制培养基

按照下列配方配制 LB 固体培养基，如表 5.4 所示，然后将培养基和培养皿进行 121℃、15 min 的高压蒸汽灭菌。

表 5.4　LB 固体培养基配方

试剂	1.0 L
胰蛋白胨 tryptone	10 g/L
酵母提取物 yeast extract	5 g/L
NaCl	10 g/L
琼脂粉	10 g/L
ddH$_2$O 定容、1 mol/L 的 NaOH	溶液调节 pH 值至 7.0

2. 倒平板阶段

（1）将灭菌过的培养皿放在火焰旁的桌面上，右手拿装有培养基的锥形瓶，左手拔出棉塞，如图 5.63 所示。

（2）右手拿锥形瓶，使瓶口迅速通过火焰，如图 5.64 所示。

（3）用左手将培养皿打开一条稍大于瓶口的缝隙，右手将锥形瓶中的培养基（约 10～20 mL）倒入培养皿，左手立即盖上培养皿的皿盖，轻轻摇匀，如图 5.65 所示。

图 5.63　培养基的锥形瓶操作　　图 5.64　锥形瓶口消毒　　图 5.65　将培养基倒入培养皿

（4）等待平板冷却凝固（需 5～10 min）后，将平板倒过来放置，使培养皿盖在下、培养皿底在上，如图 5.66 所示。

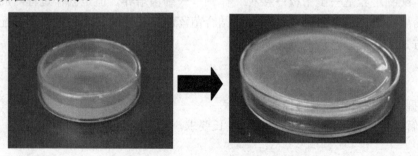

图 5.66　将平板倒过来放置

3. 接种"作画"过程

（1）用酒精棉擦拭桌面，然后点燃酒精灯，如图 5.67 所示，将接种环灼烧灭菌，如图 5.68 所示。

（2）接种环灭菌之后置于酒精灯旁进行冷却，如图 5.69 所示；然后蘸取大肠杆菌菌液，如图 5.70 所示；在凝固的固体培养基上进行绘画，需要注意的是，用接种环绘画动笔一定要轻轻的，不要划破培养基，否则在生长的过程中很容易破坏图案。

图 5.67　用酒精棉擦拭桌面

图 5.68　接种环灼烧灭菌

图 5.69　冷却接种环

图 5.70　蘸取大肠杆菌菌液

（3）每次蘸取大肠杆菌菌液前都要对接种环进行灭菌，如图 5.71 所示。

（4）绘制结束后对接种环进行灼烧灭菌，如图 5.72 所示；用封口膜对培养皿进行封口，如图 5.73 所示；做好标记，如图 5.74 所示。

图 5.71　对接种环进行灭菌

图 5.72　接种环灼烧灭菌

（5）熄灭酒精灯，收拾干净工作台，如图 5.75 所示。

4. 细菌培养

将已接种的培养基放入 37℃的恒温培养箱培养 12～16 h，如图 5.76 所示。不同的细菌繁殖速度不同，可以适当调整培养时间，但是不要培养太久，否则图案可能因为细菌数量过多而糊成一片。接种后 12～16 h 可以长出清晰可见的白色菌落，如图 5.77 所示。

图 5.73 培养皿进行封口

图 5.74 做好标记

图 5.75 熄灭酒精灯

图 5.76 恒温培养箱

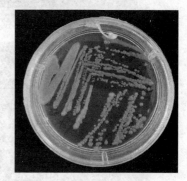

图 5.77 大肠杆菌菌落与菌苔

想一想

1. 平板冷凝后，为什么要将平板倒置？
2. 为什么每次蘸取大肠杆菌菌液前都要对接种环进行灭菌呢？

温馨提示

用于作画的微生物必须远离食品，并注意器械的消毒。

成果展示

培养 24 h 之后，当培养基上长出清晰可见的图案或文字时，就可以拍照保存了，如图 5.78 所示。你可以让身边的亲戚、朋友来观看，分享你的成果。

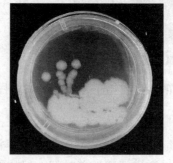

图 5.78 培养 24 h 的大肠杆菌菌画

思维拓展

今天介绍了用大肠杆菌作画的过程，画出来的是白色的细菌画，是不是有点单调呢？你想不想画幅彩色的细菌画呢？那么需要培养哪些细菌呢？用什么培养基来培养呢？科学家绘制了荧光细菌画，这又是怎么做到的呢？另外，从细菌培养知识出发，可以从哪些方面应用创新？如图 5.79 所示。

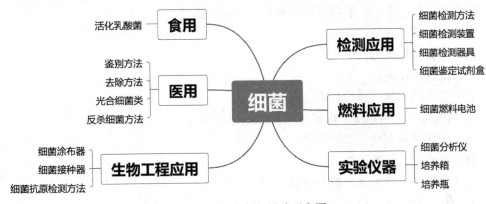

图 5.79　细菌创新思路示意图

想创就创

湖南省植物保护研究所的程菊娥、杜晓华、苏品、刘勇、张德咏、戴建平、周波、郑立敏、王忠勇等人发明了光合细菌类球红细菌菌株、菌剂药剂及其制备方法和应用，其获得国家专利：ZL201910427677.6。

本发明公开了一种光合细菌类球红细菌菌株、菌剂药剂及其制备方法和应用，光合细菌类球红细菌菌株为光合细菌类球红细菌 A13（rhodobacter sphaeroides A13），其保藏于中国典型培养物保藏中心，保藏编号为 CCTCC No：M 2018605。本发明的光合细菌类球红细菌菌株的培养工艺简单、培养时间短、成本低，且光合细菌类球红细菌菌株可通过简单、快捷、低成本的操作方法制备得到水稻细菌性条斑病防控的生防菌剂及生防发酵液。

请大家下载该专利技术方案并认真阅读，说出它的创意和创新点，然后想想有什么启发。模仿以上专利技术创新方法，结合自己身边的实际，尝试细菌培养制作彩色图画。

本章学习评价

一、选择题

1. 下列关于生态学问题的叙述，正确的是（　　）。

A. 大气中 CO_2 的含量增加会造成温室效应，但不会影响生物的多样性

B. 减少化石燃料的燃烧可减轻对臭氧层的破坏

C. 森林和草地对水土的保持作用是生物多样性直接价值的体现

D. 人工授精、组织培养和胚胎移植技术可保护生物多样性

2. 缓解全球温室效应危机的重要措施之一是（　　　）。

　　A. 种植夹竹桃等能大量吸收 CO_2 的植物

　　B. 进行人工降雨

　　C. 控制 CO_2 的排放

　　D. 减少氟利昂制品的使用

3. 近期我国频繁出现雾霾天气，地球以其特有的方式警示我们：以牺牲环境为代价的发展不可持续。下列措施中，不利于减少雾霾天气发生的是（　　　）。

　　A. 减少汽车使用

　　B. 大力发展火力发电

　　C. 提高绿化面积

　　D. 提高汽车尾气排放标准

4. 下列选项中，不都属于全球性生态环境问题的是（　　　）。

　　A. 全球气候变化、海洋污染

　　B. 酸雨、水资源短缺

　　C. 生物多样性锐减、粮食短缺

　　D. 土地荒漠化、臭氧层破坏

二、非选择题

1. 植树造林、"无废弃物农业"、污水净化是建设美丽中国的重要措施。回答下列有关生态工程的问题：

（1）在植树造林时，一般认为，全部种植一种植物的做法是不可取的。因为与混合种植方式所构建的生态系统相比，按照种植一种植物方式所构建的生态系统，其抵抗力稳定性_____。抵抗力稳定性的含义是_____。

（2）"无废弃物农业"是我国利用生态工程的原理进行农业生产的一种模式，其做法是收集有机物质。包括人畜粪便、枯枝落叶等，采用堆肥和沤肥等多种方式，把它们转变为有机肥料，再施用到农田中。施用有机肥料的优点是_____（答出三点即可）。在有机肥料的形成过程中，微生物起到了重要作用，这些微生物属于生态系统组分中的_____。

（3）在污水净化过程中，除发挥污水处理厂的作用外，若要利用生物来回收污水中的铜、镉等金属元素，请提供一个方案：_____。

2. 如图 5.80 所示为某地区苹果种植户发展生态果园模式图，图 5.81 是该生态系统内能量流动的示意图。据图回答下列问题：

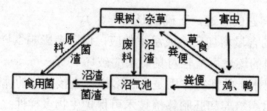

图 5.80　生态果园模式图

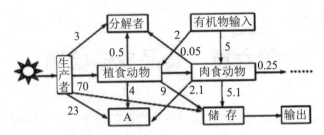

图 5.81　生态系统内能量流动的示意图

（1）该生态果园中的所有生物构成＿＿＿＿＿＿＿＿，食用菌属于生态系统成分中的＿＿＿＿＿＿＿＿＿＿＿，图 5.80 中属于第二营养级的有＿＿＿＿＿＿＿＿。

（2）果园中花天牛以果树的花和叶为食，肿腿蜂可以将卵产在花天牛幼虫的体表，吸取幼虫的营养，肿腿蜂和花天牛的种间关系是＿＿＿＿＿＿＿＿。

（3）从物质循环角度分析，碳元素在该生物群落内部以＿＿＿＿＿＿＿＿形式传递。

（4）图 5.81 中的 A 代表＿＿＿＿＿＿＿＿＿＿＿＿＿＿，能量从生产者传递到植食动物的效率为＿＿＿＿＿＿＿＿。

3．如图 5.82 所示是科研工作者对某淡水湖生态系统所做的不同方面的研究结果，图 5.82（a）表示淡水湖生态系统的碳循环示意图；图 5.82（b）表示在该生态系统中，能量流经第二营养级的示意图；图 5.82（c）中的实线表示该生态系统中初级消费者净增长量（出生率与死亡率的差）与种群密度的关系，虚线 Ⅰ、Ⅱ、Ⅲ、Ⅳ 表示不同的捕获强度下这种生物收获量与种群密度的关系。请据图分析回答下列问题：

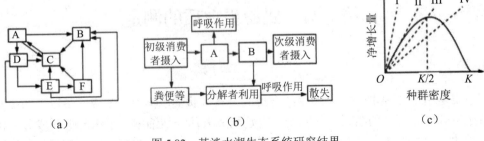

（a）　　　　　　　　　　　　（b）　　　　　　　　　　　　（c）

图 5.82　某淡水湖生态系统研究结果

（1）图 5.82（a）中不构成捕食食物链的生物成分是＿＿＿＿＿＿＿＿（填字母）；图 5.82（b）B 中的能量除被分解者利用、被次级消费者同化外，还有一部分属于＿＿＿＿＿＿＿＿＿＿。

（2）图 5.82（c）中当种群数量为 $K/2$ 时，在虚线Ⅳ所示捕获强度下种群数量将＿＿＿＿＿＿＿＿（填"增多""减少"或"不变"）。若要获得该初级消费者最大的持续产量，应维持的捕获强度为图中的虚线＿＿＿＿＿＿＿＿。

（3）当淡水湖受到轻微污染时，能通过物理沉降、化学分解和＿＿＿＿＿＿＿＿很快消除污染，说明生态系统具有自我调节能力，其基础是＿＿＿＿＿＿＿＿。

（4）人类对生态系统的能量流动进行调查研究，其意义是＿＿＿＿＿＿＿＿。

第六章　食品成分检测

随着生物技术和医药工业的发展，以及生物产品的越来越广泛应用，食品生物成分检测技术的重要作用日趋显现，而且需求也更多样化。生物芯片技术与生物传感器为目前发展最快的生物检测技术，尤其是近年，两者互为犄角，相互交叉与整合，其灵敏度、紧密度、集成度大幅提升，应用领域与范围不断扩大。在生物传感技术领域，我国是研究大国，具有国际先进的研发团队和技术基础，在生物传感器新原理、新方法和新结构方面已取得一系列国际先进或国际领先的科研成果。

通过本章的学习，重点掌握奶粉蛋白质的测定、水果还原糖的测定、果蔬淀粉的测定、坚果脂肪的测定等食品成分检测技术，为你揭开生物检测技术的神秘面纱，让你感受食品成分检测技术的奥妙。

本章主要项目

- ➢ 奶粉蛋白质的测定
- ➢ 水果还原糖的测定
- ➢ 果蔬淀粉的测定
- ➢ 坚果脂肪的测定

第一节　奶粉蛋白质的测定

知识链接

蛋白质是由 α-氨基酸按一定顺序结合形成一条多肽链，再由一条或一条以上的多肽链按照其特定方式结合而成的高分子化合物。它是组成人体一切细胞、组织的重要成分。摄入过多蛋白质的饮食习惯会有很大的患癌风险。机体所有重要的组成部分都需要有蛋白质的参与。一般说，蛋白质约占人体全部质量的 18%，最重要的还是其与生命现象有关。

蛋白质是生命的物质基础，是有机大分子，是构成细胞的基本有机物，是生命活动的主要承担者。没有蛋白质就没有生命。氨基酸是蛋白质的基本组成单位。它是与生命及与各种形式的生命活动紧密联系在一起的物质。机体中的每一个细胞和所有重要组成部分都有蛋白质参与。蛋白质占人体重量的 16%~20%，即一个 60 kg 重的成年人，其体内约有蛋白质 9.6~12 kg。人体内蛋白质的种类很多，性质、功能各异，但都是由 20 种氨基酸（amino acid）按不同比例组合而成的，并在体内不断进行代谢与更新。

奶粉是将动物奶除去水分后制成的粉末，它适宜保存。奶粉是以新鲜牛奶或羊奶为原料，用冷冻或加热的方法除去乳中几乎全部的水分，干燥后添加适量的维生素、矿物质等加工而成的冲调食品。

奶粉是除母乳外婴儿最重要的"口粮"，含有丰富的营养物质，如蛋白质、脂肪、碳水化合物等基本营养成分，还有维生素 A、维生素 D 以及钙、铁、锌、磷等对婴儿发育起重要作用的元素。其中蛋白质尤为重要，结构蛋白可以构成肌肉，另外还承担着运输、催化、调节和免疫等重要功能，作为生命活动的主要承担者，如缺乏会对婴儿造成严重的影响，因而蛋白质是奶粉中必不可少的成分。

双缩脲试剂是一种用于鉴定蛋白质的分析化学试剂。它是一种碱性的含铜试液，呈蓝色，由 0.1 g/mL 氢氧化钠或氢氧化钾、0.01 g/mL 硫酸铜和酒石酸钾钠配制而成。然而，蛋白质的肽键在碱性溶液中能与 Cu^{2+} 络合成紫色的络合物。颜色深浅与蛋白质浓度成正比。

奶粉中的蛋白质可以利用双缩脲反应，即具有两个或两个以上肽键的化合物在碱性条件下与 Cu^{2+} 反应，生成紫色的络合物，且颜色深浅与蛋白质含量在一定范围内呈正相关关系。

项目任务

检测两个牌子的奶粉中是否含有蛋白质。

探究活动

所需器材

1．材料：A 牌奶粉、B 牌奶粉。

2．仪器：天平、试管、试管架、50 mL 烧杯、10 mL 量筒、滴管。

3．试剂：双缩脲试剂。

（1）A 液：质量浓度为 0.1 g/mL 的 NaOH 溶液。

（2）B 液：质量浓度为 0.01 g/mL 的 $CuSO_4$ 溶液。

探究步骤

（1）分别称取 A、B 两个牌子的奶粉 4 g，如图 6.1 所示；加入 30 mL 清水搅拌均匀，如图 6.2 所示。

图 6.1　称奶粉

图 6.2　加水搅拌

（2）取两支试管，标号为 A、B，分别向两支试管内注入 2 mL A、B 两个牌子的奶粉，如图 6.3 所示。

（3）分别向两支试管中注入双缩脲试剂 A 液 1 mL（0.1 g/mL NaOH），如图 6.4 所示，摇匀，观察有无颜色变化。发现 A 牌子的奶粉变成浅紫色，B 牌子的奶粉基本没有变色，说明 A 牌子的奶粉含蛋白质高。

（4）依次向 A、B 两支试管中注入双缩脲试剂 B 液 4 滴（0.01 g/mL $CuSO_4$），如图 6.5 所示，摇匀。

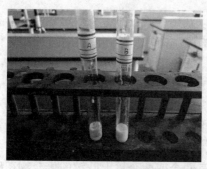

图 6.3　不同奶粉对比

图 6.4　注入双缩脲试剂 A 液

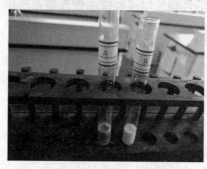

图 6.5　注入双缩脲试剂 B 液

（5）A 试管先注入双缩脲试剂 B 液，奶粉变成紫色，B 管还未注入双缩脲试剂 B 液，作为对照。

想一想

1．为什么先滴加双缩脲试剂 A 液，后滴加双缩脲试剂 B 液？
2．为什么滴加双缩脲试剂 B 液的量不能过多？

温馨提示

氢氧化钠具有强碱性，腐蚀性极强，制作过程中可佩戴橡皮手套，穿防护服或戴护目镜等。

成果展示

图 6.6 中 A 管和 B 管都已经注入双缩脲试剂 B 液，都含有蛋白质，所以都显紫色。

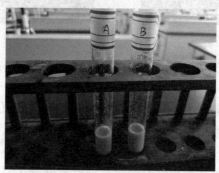

图 6.6　奶粉中的蛋白质

思维拓展

通过对奶粉中检测是否存在蛋白质，大家有没有想过如何测定蛋白质的含量？哪些地方存在蛋白质？还可以使用双缩脲试剂测定什么项目？如图 6.7 所示。

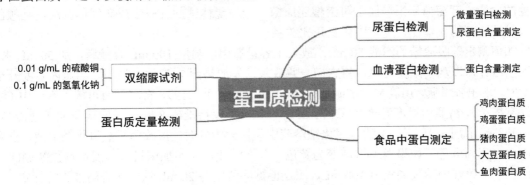

图 6.7　蛋白质检测创新思路示意图

想创就创

北京蛋白质组研究中心发明一种尿蛋白制备方法及尿蛋白质组的检测方法，其获得国家专利：ZL201710048099.6。

本发明公开了一种尿蛋白质组的检测方法，包括尿蛋白的制备、在蛋白或肽水平的分离、质谱鉴定。其特征在于，尿蛋白制备方法包括下面步骤：① 将尿液样品在常温下超速离心一段时间，弃去上清液，保留沉淀；② 向步骤①所得的沉淀中加入适量的重悬缓冲液使沉淀重悬；③ 向步骤②所得的重悬液中加入能打开二硫键的还原剂，于 37~80℃温度下加热 10~60 min；④ 向步骤③所得的溶液中添加清洗缓冲液，然后高速离心一段时间，弃去上清，保留沉淀；⑤ 用消化缓冲液重新溶解步骤④所得的沉淀，之后进行蛋白的溶液内酶解，或用一维电泳（SDS-PAGE）进行蛋白分离。本发明方法简化了尿蛋白的制备过程，提高了检测的准确性和重复性，并且可用于高通量定量深度尿蛋白质组检测。

请大家阅读以上专利技术摘要文档，看看它的创新点在哪里，然后想想有什么地方还可以模仿创新。另外，有肾炎的人，临床上常会出现蛋白尿。同学们，你能利用双缩脲反应检测出尿液中是否含有蛋白质吗？

第二节　水果还原糖的测定

知识链接

糖类是生物主要的能源物质，包括不可水解的葡萄糖、果糖、半乳糖等单糖，蔗糖、麦芽糖、乳糖等二糖，以及淀粉、糖原、纤维素等多糖。但不是所有的糖都是甜的，例如淀粉是不甜的，经过水解产生的麦芽糖和葡萄糖才会有甜味。水果中主要含有葡萄糖、果糖、蔗糖、淀粉四种糖类，我们吃到的成熟水果很甜，是因为含有葡萄糖、果糖和蔗糖等可溶性糖，其中带有果糖多的水果是最甜的。

为什么水果还原糖可以检测？铁氰化钾在碱性溶液中可氧化还原糖，用糖的浸出液滴定已知浓度一定量的铁氰化钾溶液时，铁氰化钾即被还原成亚铁氰化钾，还原糖被氧化成糖酸。溶液中有铁氰化钾存在时，溶液呈现指示剂的颜色。当铁氰化钾全部还原为亚铁氰化钾时，再多滴一滴糖液，指示剂就被还原成土黄色的三酚甲烷化合物，根据所消耗的糖液体积，计算糖的含量。葡萄糖、果糖属于可溶性还原糖，能与斐林试剂反应生成砖红色沉淀，且颜色深浅与还原糖的含量在一定范围内呈正比关系。

如何测定？吸取糖的滤液 50 mL，放入 1 容量瓶中，另取 100 mL 容量瓶，加 50 mL 水，插入温度计，以观察温度变化，将它们一并放入预先加热到 70℃ 的水浴中，当瓶内温度升至 60℃ 时，取出容量瓶，用滴定管准确加入 3 mL 盐酸（比重 1.19），将容量瓶再放入水浴中（注意经常摇动），待瓶内温度升至 70℃ 时，在 68～70℃ 下保持准确 8 min，取出容量瓶迅速冷却，加甲基红指示剂 2 滴，用 8% 的氢氧化钠溶液中和快到中性时，可改用稀氢氧化钠溶液，直到溶液由红变为橙色。如果发现溶液变为黄色，并变混浊，说明加碱过多，要用稀盐酸调回至橙红色。水解好的糖液加水至 100 mL，照还原糖的测定与 20 mL 铁氰化钾溶液进行标定。

10 mL 铁氰化钾溶液相当于葡萄糖的克数（G）为

$$G = M \times V \div 100$$

$$还原糖（\%）= 2G \times V_1 \times 100 \div W \times V_2$$

$$可溶性糖（\%）= 2G \times V_1 \times 2 \times 100 \div W \times V_3$$

$$蔗糖（\%）= [可溶性糖（\%）- 还原糖（\%）] \times 95\%$$

式中：M——葡萄糖的重量（克）；

V——滴定 10 mL 铁氰化钾溶液所用的标准葡萄糖溶液的体积（毫升）；

V_1——糖浸出液定容体积（毫升）；

V_2——还原糖测定中 20 mL 铁氰化钾溶液消耗的待测糖溶液的体积（毫升）；

V_3——可溶性糖测定中 20 mL 铁氰化钾溶液消耗的水解后待测糖溶液的体积（毫升）；

W——样品的鲜重（克）；

2——在可溶性糖的测定中吸出 50 mL 滤液，水解后定容至 100 mL 即将原来糖液稀释了一倍。

项目任务

探究梨和荔枝中是否含有还原糖，以及比较二者还原糖的含量。

探究活动

所需器材

1. 材料：梨、荔枝。

2. 仪器：恒温水浴锅、天平、榨汁机、试管、试管架、试管夹、50 mL 烧杯、10 mL 量筒、滴管。

3. 试剂：斐林试剂。

（1）甲液：质量浓度为 0.1 g/mL 的 NaOH 溶液。

（2）乙液：质量浓度为 0.05 g/mL 的 $CuSO_4$ 溶液。

探究步骤

（1）称取等量的梨和荔枝果肉，如图 6.8 所示，分别加 50 mL 清水，榨成匀浆，如图 6.9

所示。

图 6.8　称重

图 6.9　榨成匀浆

（2）用滤网将匀浆过滤，如图 6.10 所示，得到梨汁和荔枝汁。

（3）取两支试管，分别向试管内注入 2 mL 待测的梨汁和荔枝汁，如图 6.11 所示。

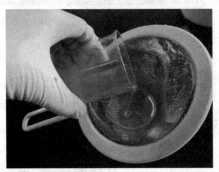

图 6.10　匀浆过滤

图 6.11　注入 2 mL 待测的梨汁和荔枝汁

（4）分别向两支试管内注入 1 mL 刚配置的斐林试剂（甲、乙液等量混合均匀后再注入），如图 6.12 所示。

（5）将两支试管放进温度为 50～65℃的恒温水浴锅中，加热约 2 min，如图 6.13 所示。

图 6.12　注入 1 mL 刚配置的斐林试剂

图 6.13　加热

（6）观察试管中出现的颜色变化。

想一想

1. 为什么采取沸水浴而不是酒精灯直接加热？

2. 两支试管颜色不相同说明了什么？

温馨提示

1. 氢氧化钠具有强碱性，腐蚀性极强，制作过程中可佩戴橡皮手套，穿防护服，戴护目镜等。

2. 如果没有水浴锅，用酒精灯进行水浴加热，应注意酒精灯使用安全。

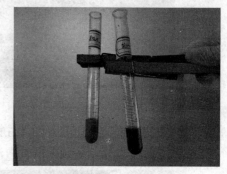

成果展示

葡萄糖、果糖属于可溶性还原糖，能与斐林试剂反应生成砖红色沉淀，且颜色深浅与还原糖的含量在一定范围内呈正比关系。颜色越深，含糖量越高，如图 6.14 所示。你可以让身边的亲戚、朋友来观看，分享你的成果。

图 6.14　还原糖测定结果

思维拓展

水果虽然很美味，但也不宜多吃，否则容易造成高血糖，长此以往，可能发展成糖尿病。有糖尿病的人，临床上尿中常会出现葡萄糖。同学们，你能利用斐林试剂检测出尿液中是否含有葡萄糖吗？鉴定还原糖还可以用什么方法？如图 6.15 所示。

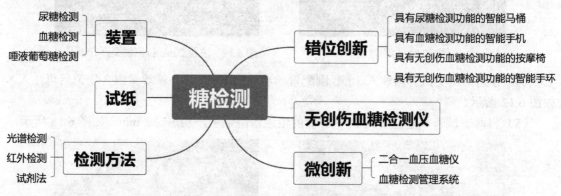

图 6.15　糖检测创新思路示意图

想创就创

郑琴、刘瑞卿等人发明了一种便捷式血糖测定装置，其获得国家专利：ZL202021629993.6。

本实用新型专利提供一种便捷式血糖测定装置，包括血糖检测系统与用于放置血糖检测系统的存储箱。血糖检测系统包括血糖仪、采血笔与血糖试纸；存储箱包括箱体、多个箱盖、多个箱锁和固定连接装置，箱体的至少一个侧板从外到内依次设置有防水层、荧光层和隔离层，箱体内设置有多个分区，每个分区对应设置有一个箱盖，分区之间设有隔断层，每个分区的宽度与对应箱盖的宽度相同；固定连接装置用于将便捷式血糖测定装置固定；箱锁通过无线数据连接，受手机 App 控制；分区内放置血糖仪、采血笔与血糖试纸。本实用新型专利的便捷式血糖测定装置可以方便人们自己进行血糖检测，从而及时了解自身血糖信息，如果检测出血糖值超过血糖阈值，可以及时去医院治疗。

请大家阅读以上专利技术摘要文档，看看它的创新点在哪里，然后想想有什么地方还可以模仿创新。另外，有糖尿病的人，临床上常会出现葡萄糖尿，你能利用斐林试剂检测出尿液中是否含有葡萄糖吗？

第三节　果蔬淀粉的测定

知识链接

淀粉是高分子碳水化合物，属于多糖，是由葡萄糖分子聚合而成的。淀粉在植物中含量丰富，如粮食类的作物大米、玉米、小麦等，根茎类蔬菜土豆、山药、薯类等。另外还有很多植物淀粉都可以提取并食用，如木薯淀粉、红薯淀粉和玉米淀粉等。淀粉不溶于水，和水加热则糊化成胶体溶液，可用于勾芡。

淀粉属于多糖类的碳水化合物，因此样品前处理时，须用酸或酶先将淀粉水解为葡萄糖（还原糖），而后再以测定总糖的步骤进行检测。淀粉含量检测可采用单糖、二糖、淀粉系统测定法，同时测定三种碳水化合物的含量。淀粉有直链淀粉和支链淀粉两类。直链淀粉遇碘呈蓝色，支链淀粉遇碘呈紫红色，且颜色深浅与淀粉含量在一定范围内呈正比例关系。

项目任务

检测梨、土豆、红薯中是否含有淀粉，并比较三者淀粉的含量。

探究活动

所需器材
1．材料：梨、土豆、红薯。
2．器材：水果刀、滴管、碘液。

探究步骤
（1）将梨、土豆、红薯切成块状，从左到右依次是梨、土豆、红薯，如图 6.16 所示。

图 6.16　切成块状

（2）用滴管分别往梨、土豆、红薯上滴加五滴碘液，如图 6.17 所示。
（3）观察果蔬颜色变化，如图 6.18 所示。

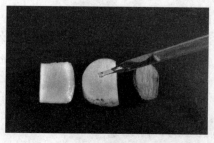

图 6.17　滴加五滴碘液

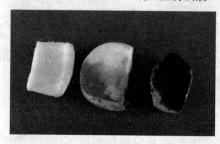

图 6.18　淀粉的含量

想一想

1. 为什么梨不变蓝色？
2. 为什么检测淀粉一般不选红薯作为材料？选择的材料应该具备什么条件？

温馨提示

1. 使用水果刀时注意安全。
2. 滴加碘液后的材料请勿再食用。

成果展示

用滴管分别往梨、土豆、红薯上滴加五滴碘液后，果蔬颜色发生了不同的变化，如图 6.18 所示。你可以让身边的亲戚、朋友来观看，分享你的成果。

思维拓展

梨、香蕉等水果成熟过程中，果实中储存的淀粉不断转化为可溶性还原糖，就会逐渐变甜。大家有没有想过如何测定淀粉的含量？哪些地方存在淀粉？还可以从哪些方面进行创新？如图 6.19 所示。

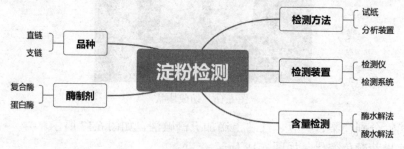

图 6.19　淀粉检测创新思路示意图

想创就创

北京工商大学的吴静珠、王克栋、董晶晶、刘翠玲、李慧等人发明了一种便携式直链淀粉测定仪，其获得国家专利：ZL201711273701.2。

本发明提出一种便携式直链淀粉测定仪，采用塑料外壳封装，包括红外激光光源、光纤探头取样器、光电检测装置、模数转换装置、核心微控制器、按键模块、液晶显示模块和充电模块。红外激光光源发射红外光，通过光纤探头取样器射入待测溶液，获取待测溶液透射的光信号，光信号输出到光电检测装置转换为电信号，电信号输出到模数转换装置转换为数字信号，发送至核心微控制器，计算出待测溶液的直链淀粉含量，所得数据可使用 Android 手机数据线通过 USB 接口以 Excel 报表的形式导出到上位机，充电模块采用兼容大多数 Android 手机的充电器及数据线进行充电。总体来说，本发明结构简单，易于操作，便于携带，精准度高。

请大家阅读以上专利技术摘要文档，看看它的创新点在哪里，然后想想有什么地方还可以模仿创新。另外，红薯和土豆都富含淀粉，但为什么红薯比土豆甜呢？有同学猜测是因为红薯中含有淀粉酶，将淀粉分解成可溶性还原糖。你能设计实验验证吗？

第四节　坚果脂肪的测定

知识链接

坚果是植物的精华部分，含有非常丰富的营养物质，如蛋白质、脂肪、矿物质和多种维生素。常见的坚果包括花生、核桃、碧根果、杏仁和松果等。每天食用 15 g 左右的坚果，可以促进人体生长发育、增强肌体抵抗力、预防心血管疾病等。

坚果含有丰富的脂肪，常被榨成植物油，如花生油、核桃油和葵花籽油等。脂肪可以被苏丹 III 染液染成橘黄色，被苏丹 IV 染液染成红色，且颜色深浅与脂肪含量在一定范围内呈正比例关系。

食品中脂肪含量的测定，索氏抽提法适用于水果、蔬菜及蔬菜制品、粮食及粮食制品、肉及肉制品、蛋及蛋制品、水产及水产制品、焙烤食品、糖果等食品中游离态脂肪含量的测定；酸水解法适用于水果、蔬菜及蔬菜制品、粮食及粮食制品、肉及肉制品、蛋及蛋制品、水产及水产制品、焙烤食品、糖果等食品中游离态脂肪及结合态脂肪总量的测定；碱水解法适用于乳及乳制品、婴幼儿配方食品中脂肪的测定；盖勃法适用于乳及乳制品、婴幼儿配方食品中脂肪的测定。

项目任务

检测花生、鹰嘴豆、食用油中的脂肪，并比较三者脂肪的含量。

探究活动

所需器材

1. 材料：花生、鹰嘴豆、食用油。

2．仪器：天平、试管、试管架、50 mL 烧杯、10 mL 量筒、滴管。

3．试剂：苏丹 III 染液。

探究步骤

（1）称取等量的花生和鹰嘴豆，如图 6.20 所示；分别加 50 mL 清水，榨成匀浆，如图 6.21 所示。

图 6.20　称花生和鹰嘴豆

图 6.21　榨成匀浆

（2）用滤网将匀浆过滤，如图 6.22 所示，得到花生汁和鹰嘴豆汁，如图 6.23 所示。

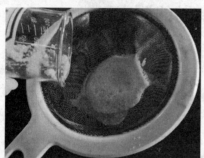

图 6.22　过滤

图 6.23　鹰嘴豆汁和花生汁

（3）取三支试管，分别向试管内注入 2 mL 待测的食用油、花生汁和鹰嘴豆汁，如图 6.24 所示。

图 6.24　食用油、花生汁和鹰嘴豆汁

（4）分别向三支试管内滴加五滴苏丹 III 染液，如图 6.25 所示，摇匀，观察颜色变化，食用油变成了橘红色，花生汁变成了浅红色，鹰嘴豆汁变成了白色偏红色，如图 6.26 所示。

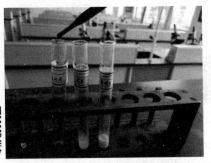

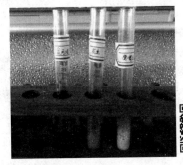

图 6.25　滴加苏丹 III 染液　　　　图 6.26　滴加苏丹 III 染液后的颜色变化

想一想

1. 食用油滴加苏丹 III 染液后为什么没有呈现橘黄色？可能受什么因素影响？
2. 三支试管颜色深浅不一样，说明什么？

温馨提示

如果选择将花生制成临时装片来观察脂肪颗粒，请注意刀片的使用安全。

成果展示

如图 6.27 所示，食用油变成了橘红色，花生汁变成了浅红色，鹰嘴豆汁变成了白色偏红色，证实食用油含脂肪最高，其次是花生汁，鹰嘴豆汁含脂肪最少。你可以让身边的亲戚、朋友来观看，分享你的成果。

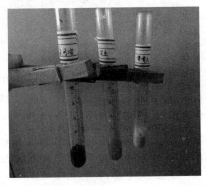

图 6.27　食用油、花生汁和鹰嘴豆汁中的脂肪

思维拓展

以上对食用油、花生汁和鹰嘴豆汁中的脂肪进行检测，大家有没有想过如何测定脂肪的含量？哪些地方存在脂肪？还可以从哪些方面进行创新？如图 6.28 所示。

想创就创

上海纤检仪器有限公司的陈建勇、须华东等人发明了一种乳脂肪测定系统，其获得国家专利：ZL201710573167.0。

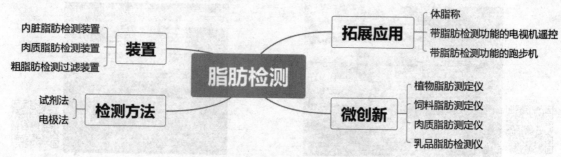

图 6.28　脂肪检测思路拓展示意图

本发明公开了一种乳脂肪测定系统，包括依次设置的搅拌设备、冷水机及乳脂肪测定仪。乳脂肪测定仪包括第一机体和设置在第一机体下端的第二机体，第一机体和第二机体为一体成型，第二机体的侧壁上设有出水口、排液口和进水口，排液口和进水口位于同一水平面，出水口位于排液口的正下方，第二机体的前侧沿水平方向依次设有抬架杆和显示屏，抬架杆的上端设有抬架手柄，抬架杆的下端贯穿第二机体并延伸至第二机体的内部。本发明的操作均由智能系统控制，操作更规范，精确性、重复性好，集成了水浴、搅拌、冷却、分层、离心、抽提、溶剂回收、样品烘干于一体，简化了操作步骤，操作更简单。

请大家阅读以上专利技术摘要文档，看看它的创新点在哪里，然后想想有什么地方还可以模仿创新的。请将花生制成临时装片，用苏丹 III 染液进行染色，在显微镜下观察脂肪颗粒。

本章学习评价

一、选择题

1. 关于生物组织中还原性糖的鉴定，下列叙述不正确的是（　　）。
   A. 量取 2 mL 斐林试剂时应优先选用 5 mL 量筒而不用 10 mL 量筒
   B. 在组织样液中加入斐林试剂后液体呈蓝色，加热后先变绿，再变成砖红色
   C. 隔水加热时，试管中液体的液面应低于烧杯中水的液面
   D. 实验结束时剩余的斐林试剂应该处理掉，不可长期保存备用

2. 某学习小组选用苏丹 III 染色液，使用显微镜检测和观察花生子叶中的脂肪，下列相关叙述不正确的是（　　）。
   A. 原理：脂肪可以被苏丹 III 染色液染成橘黄色
   B. 步骤：切取子叶薄片→苏丹 III 染色液染色→洗去浮色→制片→观察
   C. 现象：花生子叶细胞中有被染成橘黄色的颗粒
   D. 结论：脂肪是花生子叶细胞中含量最多的化合物

3. 将面团用纱布包裹在清水中搓洗，鉴定黏留在纱布上的黏稠物质和洗出的白浆所用的试剂分别是（　　）。
   A. 稀碘液、苏丹 III 染色液
   B. 双缩脲试剂、稀碘液
   C. 斐林试剂、稀碘液

　　D. 稀碘液、斐林试剂

　4. 关于生物组织中还原性糖、脂肪、蛋白质的鉴定实验，下列叙述正确的是（　　）。

　　A. 还原性糖、脂肪的鉴定通常分别使用双缩脲试剂、苏丹 III 染色液

　　B. 鉴定还原性糖、蛋白质都需要进行水浴加热

　　C. 用于配制斐林试剂的 NaOH 溶液呈无色

　　D. 脂肪、蛋白质鉴定时分别可见橘黄色颗粒、砖红色沉淀

　5.（2018·湖北宜昌一中期末）某学生进行了下面的实验：他将碘液滴在一块干面包上，面包变成了深蓝色；他嚼碎了另一块面包，并用斐林试剂检验，溶液中出现了砖红色沉淀。因此，他得出结论，面包被嚼碎时产生了还原性糖。这位学生的实验设计的错误之处在于（　　）。

　　A. 未对嚼碎的面包做淀粉检验

　　B. 未对唾液做淀粉检验

　　C. 未对干面包做还原性糖的检验

　　D. 未考虑面包的制作时间

二、非选择题

　1. 某校生物兴趣小组的同学设计了两个实验。

　A：检测尿液中是否含有还原性糖。

　B：证明尿液中不含蛋白质。

　实验用品：新取尿液样品、清水、质量浓度为 0.1 g/mL 的 NaOH 溶液、质量浓度为 0.01 g/mL 的 $CuSO_4$ 溶液、蛋白质稀释样液、试管、滴管、酒精灯、三脚架、石棉网等。

　请回答下列问题：

　（1）A 实验所依据的原理是_____。在 A 实验过程中还需要的一种试剂是_____，本实验_____（填"需要"或"不需要"）水浴加热。

　（2）写出 A 实验可能的现象和结论：_____。

　（3）写出 B 实验的实验步骤及观察的现象。

　① 取两支试管，分别加入 2 mL 的蛋白质稀释样液（编号为甲）和 2 mL 的待测尿液（编号为乙）。蛋白质稀释样液在本实验中起_____作用。

　② 分别向两支试管中加入 1 mL 的_____溶液，振荡，摇匀。

　③ 再分别向两支试管中加入 3～4 滴_____溶液，振荡，摇匀，比较颜色的变化。

　④ 结果预期：甲试管_____；乙试管_____。

　2. 甘薯和马铃薯都富含淀粉，但甘薯吃起来比马铃薯甜，为探究其原因，某兴趣小组以甘薯的块根和马铃薯的块茎为材料，在不同温度、其他条件相同的情况下处理 30 min 后，测定甘薯块根中还原糖含量如表 6.1 所示，而马铃薯块茎中不含有还原糖。

表 6.1　还原糖含量表

处理温度/℃	0	10	20	40	50	60	70	80	90
甘薯还原糖含量/（mg/g）	22.1	23.3	25.8	40.5	47.4	54.7	68.9	45.3	28.6

（1）由表 6.1 可见，温度为 70℃时甘薯还原糖含量最高，这是因为_____。

（2）请你推测马铃薯块茎中不含有还原糖的最可能原因是_____
_____。

（3）为了确认马铃薯不含还原糖的原因，请完成以下实验。

实验原理：

① _____；

② _____。

备选材料与用具：甘薯提取液（去淀粉和还原糖）、马铃薯提取液（去淀粉）、1%的醋酸洋红溶液、斐林试剂、双缩脲试剂、质量分数为 3%的淀粉溶液和质量分数为 3%的蔗糖溶液等。

实验步骤：

第一步：取 A、B 两支试管，在 A 试管中加入甘薯提取液，在 B 试管中加入等量的马铃薯提取液。

第二步：70℃水浴保温 5 min 后，在 A、B 两支试管中各加入_____。

第三步：70℃水浴保温 5 min 后，在 A、B 两支试管中再各加入_____。

第四步：_____

实验现象：
_____

实验结论：
_____。

第七章　DNA 的奥秘

随着基因工程的兴起和发展，人们对基因工程技术的研究日益成熟和深入，并逐渐将基因工程运用到食品工业之中。而转基因生物技术为食品行业的发展注入了新的动力，直接加快了粮食产量的提高和食品营养的改善，解决了发展中国家人民的饥饿以及营养不良的问题。

通过本章的学习，重点掌握 DNA 的双螺旋结构、细胞膜的结构模型、香蕉 DNA 的提取、草莓 DNA 的提取、提取自己的 DNA 等生物基因提取技术，为你揭开生物基因提取的神秘面纱，让你感受生物 DNA 的奥秘。

本章主要项目

- DNA 的双螺旋结构
- 细胞膜的结构模型
- 香蕉 DNA 的提取
- 草莓 DNA 的提取
- 提取自己的 DNA

第一节　DNA 的双螺旋结构

知识链接

脱氧核糖核酸（deoxyribo nucleic acid，DNA）是生物细胞内含有的四种生物大分子之一核酸的一种。DNA 携带有合成 RNA（核糖核酸）和蛋白质所必需的遗传信息，是生物体发育和正常运作必不可少的生物大分子。

1953 年，美国生物学家沃森和英国物理学家克里克构建了 DNA 的双螺旋结构模型，并在 1962 年因这一个研究成果获得了诺贝尔生理学奖。DNA 分子是一个反向平行的双螺旋结构，由两条脱氧核苷酸链构成；外侧是由脱氧核糖和磷酸交替连接的基本骨架，碱基排列在内侧，因此 DNA 分子具有稳定性；两条链上的碱基通过氢键连接成碱基对，A（腺嘌呤）和 T（胸腺嘧啶）通过两个氢键配对，G（鸟嘌呤）和 C（胞嘧啶）通过三个氢键配对，DNA 的复制遵循这种碱基互补配对原则，因此 DNA 复制能保持准确性。

项目任务

动手制作一个 DNA 双螺旋结构模型。

探究活动

所需器材：A4 空白纸、笔、尺子。

探究步骤

（1）将 A4 纸短的一边对折，如图 7.1 所示，分别在两侧 1 cm 处沿相反方向折叠，实线向上折叠，虚线向下折叠，形成折痕，如图 7.2 所示。

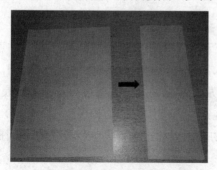 

图 7.1　第一次折叠　　　　　　　　　　图 7.2　第二次折叠

（2）将长方形分成 16 个宽 2 cm 左右的小长方形，画实线，全部沿着实线向上折叠，形成折痕，如图 7.3 所示。

（3）沿着每个小长方形相同对角连线，也就是斜线，画虚线，全部沿着虚线向下折叠，形成折痕，如图 7.4 和图 7.5 所示。

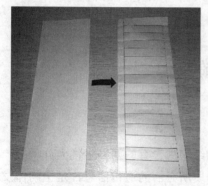 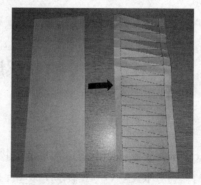 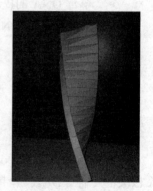

图 7.3　第三次折叠　　　　　图 7.4　第四次折叠　　　　图 7.5　折叠完成

（4）将整个大长方形沿着斜线折痕慢慢重叠，如图 7.6 和图 7.7 所示，松手，纸张形成一个螺旋结构，如图 7.8 所示。

图 7.6　沿斜线重叠　　　　　图 7.7　叠后形状　　　　　图 7.8　螺旋形状

（5）在空白面画 DNA 分子的一段脱氧核苷酸链，如图 7.9 所示，再次折叠成 DNA 双螺旋结构，如图 7.10 所示。

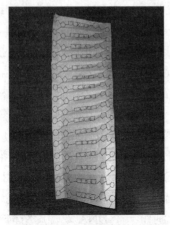

图 7.9　一段脱氧核苷酸链

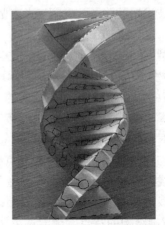

图 7.10　DNA 双螺旋结构

想一想

1．DNA 分子上相邻两个脱氧核苷酸是怎样连接的？

2．DNA 分子含有的腺嘌呤和胸腺嘧啶碱基对稳定些，还是鸟嘌呤和胞嘧啶碱基对稳定些？为什么？

温馨提示

请注意实验器材使用安全。

成果展示

为了大家更好地理解 DNA 结构，我们刚才在空白面画 DNA 分子的一段脱氧核苷酸链，折叠成 DNA 双螺旋结构，如图 7.10 所示。你可以让身边的亲戚、朋友来观看，分享你的成果。

思维拓展

结合 DNA 分子结构的特点，思考 DNA 分子复制时，是复制出一个全新的 DNA 分子，还是一个由一条新脱氧核苷酸链和一条旧脱氧核苷酸链组成的 DNA 分子？从本项目出发，还可以从哪些方面进行创新？如图 7.11 所示。

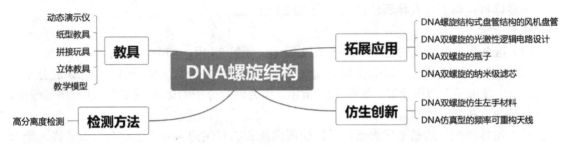

图 7.11　DNA 双螺旋创新思路示意图

想创就创

中国科学技术馆的张磊、袁辉、张志坚等人发明了一种 DNA 双螺旋结构纸模型教具，其获得国家专利：ZL201520135653.0。

本实用新型专利公开了一种 DNA 双螺旋结构纸模型教具，用以克服现有技术教授者与学生无法互动，学生不能方便地自己动手操作，不能更好地理解 DNA 双螺旋结构的特征的问题。教具包括四个以上大小形状相同的纸质的双螺旋结构基本单元体，双螺旋结构基本单元体呈平面布置，双螺旋结构基本单元体由连接键体及一对自内侧端点起与连接键体相接且关于连接键体形心点对称的扇环形螺旋体组成，扇环形螺旋体两端中心设有相互对应的剪切线，自扇环形螺旋体与连接键体相接的内侧端点起，设有沿扇环方向的外折叠线及沿垂直连接键体方向的内折叠线。本实用新型专利产品主要用于 DNA 双螺旋结构的教学使用。

请大家下载该专利技术方案并认真阅读，找出它的创意和创新点，然后想想有什么启发。观察 DNA 双螺旋结构的特点，请尝试用超轻黏土制作一个 DNA 双螺旋结构模型。

第二节　细胞膜的结构模型

知识链接

细胞膜主要是由磷脂构成的富有弹性的半透性膜，膜厚 7～8 nm，对于动物细胞来说，其膜外侧与外界环境相接触。其主要功能是选择性地交换物质，吸收营养物质，排出代谢废物，分泌与运输蛋白质。

细胞膜流动镶嵌模型是膜结构的一种假说模型。它认为磷脂双分子层构成了膜的基本支架，而膜的蛋白质则和脂双层的内外表面结合，或者嵌入脂双层，或者贯穿脂双层而部分地露在膜的内外表面。糖链则和蛋白质结合形成糖蛋白，或者和磷脂形成糖脂，所有糖链朝向细胞外表面。磷脂分子和蛋白质分子都有一定的流动性，使膜结构处于不断变动状态。

项目任务

利用黏土构建细胞膜结构模型。

探究活动

所需器材：黏土（五种颜色以上）、牙签 24 根。

探究步骤

（1）准备好几种颜色的黏土，如图 7.12 所示，牙签 24 根，如图 7.13 所示。

（2）将黏土搓成长条，如图 7.14 所示，并平均分为 12 份，捏成球形，作为磷脂分子的头部，每个球形插入两根牙签，如图 7.15 所示，作为磷脂分子的尾部，按照尾部对尾部朝里、头部朝外的方式摆成磷脂双分子层。

（3）用各种颜色的黏土代表蛋白质，让蛋白质和脂双层的内外表面结合，或者嵌入脂双层，或者贯穿脂双层，如图 7.16 所示。

图 7.12 黏土

图 7.13 牙签

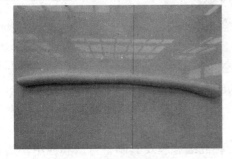

图 7.14 黏土搓成长条

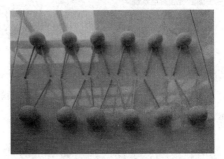

图 7.15 磷脂双分子层

（4）紫色黏土代表糖链，让糖链分别与磷脂、蛋白质结合，形成糖脂（左边）、糖蛋白（右边），位于细胞外侧，如图 7.17 所示。

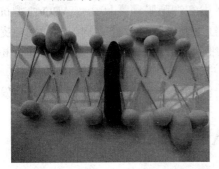

图 7.16 蛋白质镶嵌、贯穿在磷脂双分子层中

图 7.17 糖脂和糖蛋白

想一想

1. 磷脂双分子层为什么是尾部对尾部朝里、头部朝外？

2. 膜上的蛋白质分子有什么作用？

温馨提示

使用黏土后请将手洗干净。

成果展示

完成制作的细胞膜结构模型如图 7.18 所示。你可

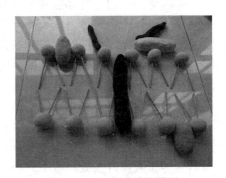

图 7.18 细胞膜结构模型

以让身边的亲戚、朋友来观看，分享你的成果。

思维拓展

动植物细胞是由细胞膜、细胞质和细胞核等基本结构构成的，其中细胞质包括细胞质基质和众多的细胞器，请大家用黏土制作动物或植物的细胞膜结构模型。从本案例出发，还可以从哪些方面进行创新？如图 7.19 所示。

图 7.19　细胞膜结构创新思路示意图

想创就创

汪德清、杨璐、于洋、马春娅等人发明了一种红细胞膜及其制备方法和应用，其获得国家专利：ZL201611159359.9。当前权利人：中国人民解放军总医院。

本发明提供了一种红细胞膜及其制备方法和应用，通过反复冻融法，并进一步结合匀浆破碎法和滤膜过滤，可以制备得到一种粒径均匀分布并且具有良好的抗原性，特别是具有良好的稀有血型系统抗原性的红细胞膜，解决了现有技术中红细胞膜通常只具有 ABO 血型抗原而不具备稀有血型抗原性的问题，同时还解决了现有红细胞膜粒径分布不均匀的问题，提供了一种粒径分布均匀并且具有全血型系统抗原性的红细胞膜，可以用于意外抗体的筛查和鉴定，保证了输血安全。

请大家下载该专利技术方案并认真阅读，找出它的创意和创新点，然后想想有什么启发。

第三节　香蕉 DNA 的提取

知识链接

基因这个问题一直都困扰着不少科学家，因为以目前的技术来说，对于基因的研究还是太困难了，每个生物体内都有不一样的基因排列顺序和数量，就算是人类，也有个体和个体之间的基因差异，所以对于科学家来说，研究基因是一个任重道远的课题。

最近科学家们在破解香蕉的基因密码中，发现香蕉的基因 60% 以上是和人类相同的，这就很奇怪了，有 60% 以上相同的基因，为什么香蕉和人类长得差距那么大，而且还一个是动物，一个是植物？这点让很多人费解。其实主要还是和基因的结构有关，基因控制蛋白质合成，进而控制生物性状；在人类的基因中，绝大部分基因都是垃圾基因，只是一条单纯的蛋白链，用来证明你是一个生物而已，而只有少部分的编码基因决定了人产生的性状，这些编码基因在人体内大概只有 1.5%～2%，其他动物也是由这些编码基因决定的。所以香蕉和人类基因是有相似之处，但是这些相似的基因并不是决定我们外形或者智能的基因。

众所周知，DNA 是一种有复杂结构的分子，可以存储和传递地球上任何生物的遗传信息，但你知道自己在家也可以提取 DNA 吗？具体步骤如下：① 捣烂香蕉，暴露出更大的表面积，可以从中提取 DNA。② 加入液体肥皂，有助于分解细胞膜以释放 DNA。③ 过滤，通过过滤器倒入混合物，可以收集 DNA 和其他细胞物质。④ 沉淀，将冷酒精倒入玻璃杯的侧面，使 DNA 与其他细胞物质分离。⑤ 用牙签提取，从溶液中除去 DNA。

在家动手提取香蕉 DNA 的原理，其实是因为液体肥皂含有表面活性剂，有助于破坏香蕉的细胞膜和细胞核，而盐中的钠离子与 DNA 分子的磷酸基团结合，有助于将 DNA 分离出来。添加冷异丙醇则可降低 DNA 和钠化合物在水中的溶解度。

项目任务

自己在家动手提取香蕉 DNA。

探究活动

所需器材：一根香蕉、异丙醇、食盐、液体肥皂、玻璃杯、搅拌器、纱布、漏勺和碟子。

探究步骤

（1）先将 1 汤勺食盐和 10 滴含有十二烷基硫酸钠的液体肥皂混合在玻璃杯中，如图 7.20 所示；加入 100 mL 热水，搅拌均匀，如图 7.21 所示。

图 7.20　食盐与液体肥皂混合在玻璃杯中

图 7.21　加水并搅拌

（2）用刀将香蕉切成小块，露出更多的细胞；取出第二个杯子，放入去皮切成小块的香蕉，如图 7.22 所示；加入 100 mL 冷水，再从第一杯中取 5 汤匙沉淀溶液（液体肥皂），然后轻轻搅拌混合物。搅拌时，应尽量不要产生气泡。肥皂有助于分解细胞膜以释放 DNA。在搅拌机中混合 5～10 s，以确保混合物不会太黏，彻底混合在一起，如图 7.23 所示。

图 7.22　向杯中放入去皮切成块的香蕉

图 7.23　香蕉与沉淀溶液混合

（3）通过几层纱布过滤混合液，如图 7.24 所示；小心地将 200 mL 冰冷的异丙醇倒在玻璃杯的顶部附近停住的一侧，如图 7.25 所示。

（4）观察杯中形成的白色纤维物质，等待 5 min，以使 DNA 从溶液中分离出来。用牙签提取漂浮在表面的白色纤维物质，这将是漫长而严格的，即为香蕉的 DNA，如图 7.26 所示。

图 7.24　过滤混合液

图 7.25　加入冰冷的异丙醇

图 7.26　香蕉的 DNA（1）

想一想

1．描述 DNA 的结构。遗传信息是如何存储在这个结构？

2．你得到的 DNA 纯吗？为什么？

温馨提示

提取 DNA 后的香蕉不能食用。

成果展示

探究活动中提取的香蕉 DNA 如图 7.27 所示。你可以让身边的亲戚、朋友来观看，分享你的成果。

图 7.27　香蕉的 DNA（2）

思维拓展

从水果和蔬菜中提取 DNA，将能够看到 DNA 作为纤维状聚集。该过程会根据水果或蔬菜和最终的沉淀步骤中使用的酒精的类型产生一定量的 DNA，虽然在这个实验中分离出的 DNA 纯度不足以进行凝胶电泳或限制性酶切分析实验。这是一个很好的实验，包括细胞生物学、遗传学、生物技术、普通生物学。在开始实验前大家应学习 DNA 的结构和细胞的功能，如细胞膜、细胞器和细胞壁结构。从香蕉的 DNA 提取入手，还可以做哪些方面的创新与应用？如图 7.28 所示。

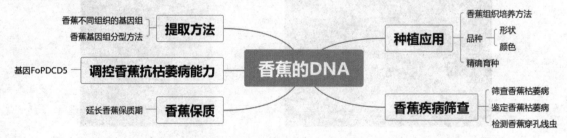
图 7.28　香蕉的 DNA 创新思路示意图

想创就创

广东省农业科学院果树研究所的盛鸥、邓贵明、魏岳荣、邝瑞彬、李春雨、易干军等人发明了一种适用于提取香蕉不同组织的基因组 DNA 的方法，其获得国家专利：ZL201510202596.8。

本发明适用于提取香蕉不同组织的基因组 DNA，其步骤包括：① 取香蕉组织样品，加入液氮并研磨成粉末，迅速转至离心管中；② 加入提取缓冲液、10%的 SDS（十二烷基硫酸钠）与氯化苄，充分混匀后水浴；③ 加入乙酸钠冰浴，然后离心；④ 取经步骤③所得的上清液至一干净离心管，加入预冷的异丙醇，混匀后离心，弃上清液；⑤ 取经步骤④得到的沉淀，用 75%的酒精洗涤，室温挥发酒精，然后加入 TE buffer，再用适量的 RNase A 消化，取出后于-20℃保存备用。上述方法不受取材限制，从香蕉不同组织器官中均能快速提取高质量的基因组 DNA，而且从单位香蕉组织样品中提取的基因组 DNA 的纯度高并且量大。

请大家下载该专利技术方案并认真阅读，找出它的创意和创新点，然后想想有什么启发。结合本项目 DNA 提取方法，提取草莓、西红柿或者桃子的 DNA。

第四节　草莓 DNA 的提取

知识链接

DNA 这种遗传物质处于生物体细胞的细胞核中，它们的作用非常重要，正是因为它们我们才成为了人类，而草莓则是草莓，不仅如此，我们每一个人都是独一无二的，世界上的每一枚草莓也都找不到重样的——这都是 DNA 决定的。在用盐水、洗涤灵和清水的混合溶液挤压草莓时，在食盐和洗涤灵的帮助下，草莓的细胞更容易被我们挤破，它的遗传物质 DNA 会流出来，再加上酒精（或异丙醇）的作用，草莓的 DNA 就凝聚在一起，能够被我们观察到了。当然，使用草莓做这个项目，是因为草莓的遗传物质是八倍体，也就是说，承载 DNA 的载体"染色体"在它的细胞里有八套。而在我们人类的细胞核中，承载 DNA 的载体只有两套。相对来说，草莓的 DNA 更多，所以也就更容易被看见。

在提取过程中，捣碎的过程是让细胞破碎，让内容物释放出来。草莓果实的细胞不难破，因为里面都是大液泡。在这个简化版本的 DNA 提取流程里，加入洗涤剂也是为了让细胞垮掉，因为细胞膜上有磷脂，去垢剂把它们溶了，细胞表面就都是小洞洞了。加入酒精（或者异丙醇）可以把 DNA 沉淀出来，因为 DNA 是极性分子（RNA 和核苷酸都是），而乙醇和异丙醇等有机溶剂是非极性的，DNA 不溶于其中。加入钠盐是为了让 DNA 的溶解度进一步降低，更容易析出。所以，如果家里有吃剩的草莓，只需要一颗就可以亲眼看看 DNA 了。

当然，生物技术并不都是这么简单，不过能在厨房里亲自动手，很多事情就容易了。当然，无论成功或者失败，重要的是引导大家感受亲手操作的乐趣，培养大家对科学和生活的热爱，对探究事物产生兴趣。

项目任务

自己在家动手提取草莓 DNA。

探究活动

所需器材：草莓、盐、冰冷的外用酒精、勺子、两个耐热量杯、过滤器、自封袋、透明的玻璃杯子、洗衣粉（液体或粉末）、冰块、两个大碗、一个计时器。在实验开始之前，把酒精放在冰箱里，它需要用来沉淀 DNA。

探究步骤

（1）将草莓切成小块放进耐热杯中，用叉子将草莓捣碎，碎到看不见明显的果肉为止，如图 7.29 所示。

（2）在耐热杯中放入温水，加入洗涤剂，然后搅拌，如图 7.30 所示。

图 7.29　将草莓捣碎　　　　　　　　　　图 7.30　加入洗涤剂

（3）将捣碎的草莓加入洗涤剂溶液里，如图 7.31 所示。

（4）搅拌，如图 7.32 所示。

图 7.31　将草莓加入洗涤剂溶液里　　　　图 7.32　搅拌

（5）在一个大碗中加入热水（热水占碗的 1/3），将盛有草莓洗涤液的杯子放进大碗里 15 min，如图 7.33 所示。

（6）接下来，换一只碗加入冷水和冰块的混合物（1/3 满），冷却 5 min，如图 7.34 所示。

图 7.33　将盛有草莓洗涤液的杯子放进大碗里　　图 7.34　加入冷水和冰块的混合物

（7）用滤网把大块杂质滤除，通过滤网的液体接到透明玻璃杯里，如图 7.35 所示。

（8）过滤后加入 1/4 的盐，搅拌，之后加入一些冰冷外用酒精。等待几分钟，不要晃动，随着冷酒精的加入，如图 7.36 所示，就会看到白色的悬浮物，就是含有很多杂质的草莓 DNA，如图 7.37 所示。

 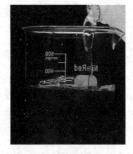 

图 7.35　用滤网把大块杂质滤除　　　图 7.36　冷酒精的加入　　　图 7.37　草莓 DNA（1）

想一想

1. 为什么要加入钠盐？
2. 加入洗涤剂的作用是什么？

温馨提示

提取 DNA 后的草莓不能食用。

成果展示

探究活动中提取的草莓 DNA 如图 7.38 所示。你可以让身边的亲戚、朋友来观看，分享你的成果。

图 7.38　草莓 DNA（2）

思维拓展

这个项目提取的是草莓的 DNA，理论上说，其他很多食材也一样能进行 DNA 的提取，不过草莓还是有自己的优势的：它很柔软，容易碾碎，而且我们所吃的草莓又是多倍体，它有八份复制的基因，DNA 的分量也很足。参考图 7.39 所示的草莓 DNA 创新思路示意图，你有什么启发？我们还可以从哪些方面进行优化提取方法？

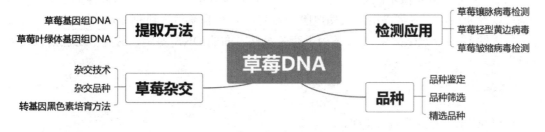

图 7.39　草莓 DNA 创新思路示意图

想创就创

浙江省农业科学院的苗立祥、张豫超、蒋桂华、杨肖芳、肖金平、王月志等人发明了一种草莓基因组 DNA 的提取方法，申请号为 CN201510047761.7，并于 2015 年 7 月 29 日公开，公开/公告号为 CN104805071A。

本发明涉及分子生物学技术领域，公开了一种草莓基因组 DNA 的提取方法，用液氮将样品磨成粉末，加入 CTAB（十六烷基三甲基溴化铵）提取液，经 55～65℃水浴后冷却至室温，加入醋酸钾后冰浴，再加入等体积的氯仿—异戊醇混合液，混匀，离心，再在所得上清液中加入等体积的氯仿—异戊醇混合液，混匀，静置，离心分离得上清液；在上清液中加入异丙醇后，离心得沉淀物；离心后去除上清液，加入含 RNase 的 TE 缓冲液，在 37℃水浴，然后加入等体积的氯仿—异戊醇混合液，混匀，静置，离心分离得上清液，向上清液中加入醋酸钠和无水酒精后，离心去除上清液，向沉淀中加入 TE 缓冲液溶解沉淀，即为草莓基因组 DNA 溶液。本发明综合了 CTAB 和 SDS 提取方法的特点，最终得到了高糖多酚类植物草莓高质量的基因组 DNA。

请大家下载一种草莓基因组 DNA 的提取方法的技术方案并认真阅读，找出它的创意和创新点，然后想想有什么启发。结合本项目 DNA 提取方法，提取西红柿或者桃子的 DNA。

第五节　提取自己的 DNA

知识链接

人类基因组，又称作人类基因体，是指人的基因组由 23 对染色体组成，其中包括 22 对常染色体、1 对性染色体。人类基因组含有约 31.6 亿个 DNA 碱基对，碱基对是以氢键相结合的两个含氮碱基，以腺嘌呤（A）、胸腺嘧啶（T）、鸟嘌呤（G）和胞嘧啶（C）四种碱基排列成碱基序列，其中 A 与 T 之间由两个氢键连接，G 与 C 之间由三个氢键连接，碱基对的排列在 DNA 中也只能是 A 对 T、G 对 C。其中，一部分的碱基对组成了 20 000～25 000 个基因。

全世界的生物学与医学界在人类基因组计划中，调查人类基因组中的真染色质基因序列，发现人类的基因数量比原先预期的少得多，其中的外显子，也就是能够制造蛋白质的编码序列，只占总长度的约 1.5%。

基因检测（gene test）是通过血液、其他体液或细胞对 DNA 进行检测的技术，是取被检测者脱落的口腔黏膜细胞或其他组织细胞，扩增其基因信息后，通过特定设备对被检测者细胞中的 DNA 分子信息做检测，预知身体患疾病的风险，分析它所含有的各种基因情况。基因检测可以诊断疾病，也可以用于疾病风险的预测，且其准确率达到 99.9999%。例如，公安局提供免费做 DNA 入库检测，主要是用于有关案件方面的 DNA 鉴定，这其中还包括查找失踪人员。

项目任务

自己在家动手提取自己的 DNA。

探究活动

所需器材：自己的唾液、一个玻璃杯、洗涤剂（洗衣粉或洗洁精均可）、食用盐、果汁（酸性）、预冷的酒精（60%以上）、一根吸管、一根牙签。

探究步骤

（1）找一个杯子，水尽量充满瓶子的 1/4，再加一小撮盐，然后用盐水漱口，让自己的唾液进入漱口水中，并重新吐入杯子，如图 7.40 所示。

（2）向瓶子中加入几滴洗洁精，如图 7.41 所示，再加入少量果汁（如西柚汁），撒入一点盐，摇晃瓶子使它们均匀混合，这时细胞已经破裂成碎片，如图 7.42 所示。

图 7.40　含自己唾液的漱口水　　图 7.41　加入几滴洗洁精　　图 7.42　摇晃瓶子使它们均匀混合

（3）把预冷的酒精沿着吸管慢慢加入以上的混合物中，如图 7.43 所示。DNA 是不溶于酒精的，酒精是将 DNA 与蛋白分离的关键，该步骤需要轻柔一些。

图 7.43　预冷的酒精加入混合物中

（4）等待 5 min，以使 DNA 从溶液中分离出来，观察杯中形成的白色絮状物质，即为自己的 DNA，如图 7.44 所示。

（5）用牙签插入杯子，慢慢地搅动，然后把 DNA 缠绕在牙签上面，轻轻地挑起瓶中混合物顶部的白色絮状物质，就可以看到一条透明丝状的 DNA 了，如图 7.45 所示。

图 7.44　白色絮状物质为自己的 DNA　　　图 7.45　自己唾液中的 DNA

想一想

1. 为什么要倒入酒精？
2. 你相信以上方法得到的白色絮状物质是自己的 DNA 吗？为什么？

温馨提示

提取出来的 DNA 不能食用。

成果展示

探究活动中提取的自己的 DNA 如图 7.45 所示。你也可以让身边的亲戚、朋友来欣赏，也可以拍成 DV 发到朋友圈，让更多的人分享你的成果。

思维拓展

在传统的基因检测中，研究人员先要将从唾液、血样或尿样中提取的 DNA 放到聚合酶链反应机中进行处理，判明目标 DNA 片段后，再经过多次复制，才能对 DNA 序列进行分析。用现代仪器可直接将检验样品放到仪器中进行分析，大大简化了检测程序。经过本项目的制作，还可以从哪些方面进行创新？如图 7.46 所示。

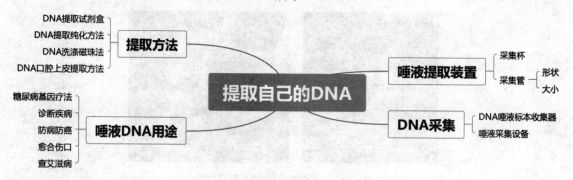

图 7.46　提取自己的 DNA 创新思路示意图

想创就创

公安部物证鉴定中心的周云彪、赵兴春、叶健等人发明了一种提取纯化唾液 DNA 的方法，其获得国家专利：ZL201110105238.7。

本发明公开了一种提取纯化唾液 DNA 的方法。该方法包括以下步骤：① 预处理，将唾液与预处理裂解液接触，去除生物细胞所黏附的固体物质，得到粗裂解液；② 核酸吸附，将步骤①得到的粗裂解液与裂解结合液以及磁珠悬浮液混合，形成含有磁性纳米微球-DNA 的复合体的溶液体系，收集溶液体系中的磁性纳米微球-DNA 的复合体；③ 洗涤，将步骤②得到的磁性纳米微球-DNA 的复合体依次用洗涤液 I、洗涤液 II 洗涤，然后用洗脱液溶出 DNA。本发明提供的方法提取 DNA 的效率可达 90%，提取的 DNA 可应用于 STR 复合扩增、DNA 测序、DNA 定量等下游分析操作。

请大家下载该专利技术方案并认真阅读，找出它的创意和创新点，然后想想有什么启发。结合本项目 DNA 提取方法，尝试提取自己唾液中的 DNA。

本章学习评价

一、选择题

1. 下列关于"DNA 的粗提取与鉴定"实验操作的说法中,正确的是(　　)。
   - A. 该实验中有两次加入蒸馏水,均是为了析出 DNA
   - B. 该实验中多次要求用玻璃棒单向搅拌,目的是搅拌均匀
   - C. 该实验中有三次过滤,过滤时使用尼龙布层数与 DNA 的存在状态有关
   - D. 该实验中三次加入 NaCl 溶液,第二次的目的是析出 DNA

2. 在利用猕猴桃进行"DNA 粗提取与鉴定"实验中,相关操作正确的是(　　)。
   - A. 直接向剪碎的猕猴桃果肉组织中加入蒸馏水并搅拌,以释放核 DNA
   - B. 向猕猴桃果肉研磨液中加入适量的蒸馏水,以降低 DNA 酶活性
   - C. 向溶有粗提物的 NaCl 溶液中加入冷却的体积分数为 95%的酒精,可以获得较纯净的 DNA
   - D. 将猕猴桃果肉研磨液迅速加热到 100℃,再冷却后过滤,可以获得 DNA 粗提物

3. 下列关于"DNA 的粗提取与鉴定"实验的叙述,正确的是(　　)。
   - A. 用鸡血作为材料,原因是鸡血红细胞有细胞核,其他动物红细胞没有细胞核
   - B. 用二苯胺试剂进行鉴定,原因是 DNA 溶液中加入二苯胺试剂即呈蓝色
   - C. 用酒精进行提纯,原因是 DNA 溶于酒精,蛋白质不溶于酒精
   - D. 用不同浓度的 NaCl 溶液进行 DNA 粗提取,原因是 DNA 在其中的溶解度不同

4. 如图 7.47 所示为"DNA 的粗提取与鉴定"实验的部分操作过程,有关分析不正确的是(　　)。

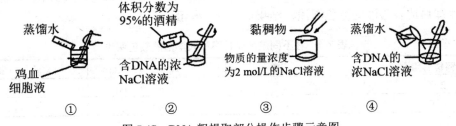

图 7.47　DNA 粗提取部分操作步骤示意图

   - A. 步骤①和④中加入蒸馏水的目的相同
   - B. 步骤①中向鸡血细胞液内加入少许嫩肉粉有助于去除杂质
   - C. 步骤②操作的目的是纯化 DNA,去除溶于体积分数为 95%的酒精中的杂质
   - D. 步骤③中物质的量浓度为 2 mol/L 的 NaCl 溶液能溶解黏稠物中的 DNA

二、非选择题

1. 如图 7.48 所示为利用鸡血细胞进行"DNA 的粗提取与鉴定"实验的部分操作示意图,请分析回答以下问题。

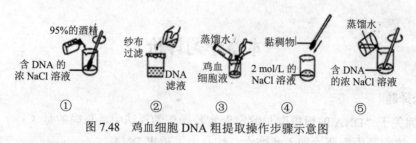

图 7.48　鸡血细胞 DNA 粗提取操作步骤示意图

（1）如图 7.48 所示，该实验的正确操作顺序是＿＿＿＿＿＿＿＿＿＿（用序号与箭头表示）。

（2）在提取过程中使用不同浓度的 NaCl 溶液的目的是＿＿＿＿＿＿＿＿＿＿＿＿＿＿。

（3）步骤①的目的是析出并获得 DNA，其依据原理是＿＿＿＿＿＿＿＿＿＿＿＿＿＿。

（4）DNA 可用＿＿＿＿＿＿试剂鉴定，沸水浴后的颜色反应为＿＿＿＿＿＿＿＿。

（5）实验室还可以利用香蕉等植物样品提取 DNA，利用植物组织提取 DNA 时，须先破碎细胞，破碎细胞时需添加食盐和＿＿＿＿＿＿进行研磨，添加该物质的目的是＿＿＿＿＿＿，而加入食盐的目的是＿＿＿＿＿＿＿＿＿＿。

2. 某生物兴趣小组开展 DNA 粗提取的相关探究活动。具体步骤如下。

材料处理：称取新鲜的花菜、辣椒和蒜黄各两份，每份 10 g，将它们剪碎后分成两组，一组置于 20℃，另一组置于-20℃条件下保存 24 h。

（1）DNA 粗提取。

第一步，将上述材料切碎后分别放入研钵中，各加入一定量的＿＿＿＿＿＿＿，进行充分研磨，过滤后收集滤液。

第二步，先向 6 只小烧杯中分别注入 10 mL 滤液，再加入 20 mL 冷却的体积分数为 95% 的＿＿＿＿＿，然后用玻璃棒缓缓地向一个方向搅拌，使絮状物缠绕在玻璃棒上。

第三步，取 6 支试管，分别加入等量的 2 mol/L NaCl 溶液溶解上述絮状物。

（2）DNA 检测。

在上述试管中各加入 4 mL＿＿＿＿＿＿＿试剂。混合均匀后，置于沸水中加热 5 min，待试管冷却后比较溶液的颜色深浅，结果如表 7.1 所示。

表 7.1　在不同温度条件下比较溶液的颜色深浅

材料保存温度	花　菜	辣　椒	蒜　黄
20℃	++	+	+++
-20℃	+++	++	++++

注："+"越多表示蓝色越深。

（3）实验分析。

① 该探究性实验课题名称是：探究不同材料和不同＿＿＿＿＿＿对 DNA 提取量的影响。

② 第二步中"缓缓地"搅拌，这是为了减少＿＿＿＿＿＿断裂。

③ 根据实验结果，得出结论并分析。

结论 1：与 20℃相比，相同实验材料在-20℃条件下保存，DNA 的提取量较＿＿＿＿＿＿。

结论 2：等质量的不同实验材料，在相同的保存温度下，从＿＿＿＿＿＿提取的 DNA量最多。

针对结论 1，请提出合理的解释：低温抑制了＿＿＿＿＿＿的活性，DNA 降解速度慢。

参 考 文 献

[1] 郑青. 不同陈酿年份、葡萄品种及葡萄产地葡萄酒香气成分的研究[D]. 南昌：南昌大学，2015.

[2] 奚德智，孙腾飞，罗建华. 一种干红葡萄酒橡木桶发酵工艺：200710106058.4[P/OL]. 2007-10-24. http://www2.soopat.com/Patent/200710106058.

[3] 刘姐. 糯米甜酒酿造新工艺的研究[D]. 柳州：广西工学院（现广西科技大学），2011.

[4] 杨勇，陈卫平，马蕤，等. 甜酒酿营养成分分析与评价[J]. 中国酿造，2011（6）：182-184.

[5] 宣城市宣海棠生物科技有限公司. 宣木瓜糯米酒及其生产工艺：201510347906.5[P/OL]. 2015-10-07. http://www2.soopat.com/Patent/201510347906.

[6] 张斌，薛子光，吴军，等. 一种干红荔枝酒及其生产方法：201310635960.0[P/OL]. 2014-03-26. http://www.soopat.com/Patent/201310635960.

[7] 李先保. 食品工艺学[M]. 北京：中国纺织出版社，2015：273.

[8] 温靖，徐玉娟，林羡，等. 一种适宜罐头加工的荔枝品质的测定和评价方法：201410139149.8[P/OL]. 2014-08-06. http://www.soopat.com/Patent/201410139149.

[9] 吴朝顺. 一种杧果醋、杧果醋饮料及其制备方法：201610044307.0[P/OL]. 2016-06-15. http://www.soopat.com/Patent/201610044307?lx=FMSQ.

[10] 郑锋. 一种适合家庭蘑菇种植的花盆：202022310300.3[P/OL]. 2021-06-29. http://www.soopat.com/Patent/202022310300.

[11] 刘明勇，张维颖，俞国新，等. 酸奶发酵装置、冰箱及酸奶发酵方法：201410180548.9[P/OL]. 2015-11-25. http://www.soopat.com/Patent/201410180548.

[12] 朱正威，孙万儒，赵占良. 生物技术实践：选修1[M]. 2版. 北京：人民教育出版社，2007.

[13] 吴咏翰. 一种馒头的制作方法：201811016462.7[P/OL]. 2018-10-12. http://www.soopat.com/Patent/201811016462.

[14] 张其圣，申文熹，陈功，等. 一种浅发酵生产泡菜的方法：201510077621.4[P/OL]. 2015-06-24. http://www.soopat.com/Patent/201510077621.

[15] 梁家熹. 一种腐乳的制备方法：200810028681.7[P/OL]. 2008-11-12. http://www.soopat.com/Patent/200810028681.

[16] 徐浩，刘素纯，聂荣，等. 用于发酵型风味剁辣椒耐盐酵母菌的筛选[J]. 现代食品科技，2013，29（5）：1076-1079+1197.

[17] 廖小军，李晶钰，胡小松. 一种剁辣椒及其制备方法：201510271218.5[P/OL]. 2015-09-02. http://www.soopat.com/Patent/201510271218.

[18] 蒋怡. "生活"启示录：浅谈陶行知生活教育理论指导下的班级特色活动开展[J]. 科

学大众（科学教育），2017（8）：119.

[19] 李汴生，陈云辉，阮征. 一种水晶粽子及其制备方法：201210303480.X[P/OL]. 2012-12-19. http://www.soopat.com/Patent/201210303480.

[20] 李燕. 五谷马蹄糕及其制作方法：201310431710.5[P/OL]. 2013-12-25. http://www.soopat.com/Patent/201310431710.

[21] 钱旺，丁波，刘红娜. 枸杞姜撞奶的工艺研究[J]. 中国奶牛，2020（8）：44-47.

[22] 陈志雄，陈世豪，刘亚萍，等. 一种凝固型广式姜撞奶便利食品及其制作方法：201310577127.5[P/OL]. 2014-02-26. http://www.soopat.com/Patent/201310577127.

[23] 李小华. 姜汁凝固型牛奶配方与工艺优化研究[J]. 食品与发酵工业，2009，25（2）：112-116.

[24] 封若雨，朱新宇，张苗苗. 近五年山楂药理作用研究进展[J]. 中国中医基础医学杂志，2019，25（5）：715-718.

[25] 韩召东，张迎春，马蜓. 一种枕式包装机的理料装置：202022524586.5[P/OL]. 2021-08-06. http://www.soopat.com/Patent/202022524586.

[26] 李珊珊. 中等水分杧果果脯的研制与保藏研究[D]. 无锡：江南大学，2020.

[27] 吴克峰，杨才华，曾昭山. 一种高营养无添加杧果干及加工方法：201810374428.0[P/OL]. 2018-09-04. http://www.soopat.com/Patent/201810374428.

[28] 徐苏丽. 中药橄榄化学成分及药理作用研究进展[J]. 海峡药学，2011，23（10）：16-19.

[29] 陈日春，唐胜春. 一种咸甜橄榄蜜饯及其生产方法：201110448817.1[P/OL]. 2012-06-27. http://www.soopat.com/Patent/201110448817.

[30] 艾. 植物智. 2019-12-19. http://www.iplant.cn/info/Artemisia%20argyi?t=z.

[31] 何金明，肖艳辉. 芳香植物栽培学[M]. 北京：中国轻工业出版社，2010：64-66.

[32] 简梨娜，宋学丽，郭江涛，等. 艾草的化学成分及临床应用[J]. 化学工程师，2021，35（7）：58-62.

[33] 赵永国. 一种薄荷膏及其制备工艺：201510071443.4[P/OL]. 2015-06-03. http://www.soopat.com/Patent/201510071443.

[34] 王趁，苟祎，范汝艳，等. 驱蚊植物的民族植物学研究进展[J]. 中国媒介生物学及控制杂志，2018，29（5）：530-538.

[35] 陈理敬. 一种驱蚊水：201310444090.9[P/OL]. 2013-12-25. http://www.soopat.com/Patent/201310444090.

[36] 衢州市展宏生物科技有限公司. 一种玫瑰纯露制取用提纯装置：201720087046.0[P/OL]. 2017-09-12. http://www.soopat.com/Patent/201720087046.

[37] 张洪广，张晓斌，胡勇，等，玫瑰纯露的制备及其在化妆品中的应用[J]. 广东化工，2020，47（18）：103-104.

[38] 闫昌誉，李晓敏，李家炜，等. 芦荟的研究进展与产业化应用[J]. 今日药学，2021，31（2）：81-90.

[39] 江苏奇力康皮肤药业有限公司. 一种保湿芦荟胶及其制备方法：201410497908.8[P/OL].

2015-01-21．http://www.soopat.com/Patent/201410497908．

[40] 崔军锋，张建新．香囊的社会文化史：基于"礼制"与"民俗"视角的考察[J]．中医药文化，2016，11（6）：19-28．

[41] 枣庄泽远贸易有限公司．一种中药保健香囊：202020842041.6[P/OL]．2021-05-07．http://www. soopat.com/Patent/202020842041．

[42] 王菁．一种香皂纸：201420851152.8[P/OL]．2015-07-22．http://www.soopat.com/Patent/201420851152．

[43] 苟瑞迪，朱苗苗，李金亭．基于 STEAM 教育理念的教学设计：以"妙不可言的叶脉"为例[J]．中学生物教学，2020（26）：73-75．

[44] 江苏工程职业技术学院．一种具有剪影效果的叶脉书签的制作方法：201610436733.9[P/OL]．2016-11-09．http://www2.soopat.com/Patent/201610436733．

[45] 云南省烟草农业科学研究院．一种烟叶原色腊叶标本的制作方法：201110209776.0[P/OL]．2012-04-11．http://www2.soopat.com/Patent/201110209776．

[46] 常熟南师大发展研究院有限公司．蝴蝶标本还软器：201210094521.9[P/OL]．2012-08-08．http://www2.soopat.com/Patent/201210094521．

[47] 李允员．一种水晶种植架：202022161681.3[P/OL]．2021-05-25．http://www2.soopat.com/Patent/202022161681．

[48] 浙江农林大学．一种利用果渣制备的天然色素及其用途：201310416997.4[P/OL]．2013-12-25．http://www2.soopat.com/Patent/201310416997．

[49] 王伟江．天然活性单萜：柠檬烯的研究进展[J]．中国食品添加剂，2005（1）：33-37．

[50] 葛绍勇．从柑橘类果皮中提取柠檬烯的方法：201110165440.9[P/OL]．2011-12-21．http://www2.soopat.com/Patent/201110165440．

[51] 符洋，范权毅，朱梨．一种酿酒用酵母菌，其筛选方法及该酵母菌在蓝莓红酒发酵中的应用：201810734621.0[P/OL]．2018-11-23．http://www2.soopat.com/Patent/201810734621．

[52] 王全喜，张小平．植物学[M]．2版．北京：科学出版社，2017．

[53] 武天龙，廖健利，曹金姹．一种观赏南瓜复合体的培育方法：201911251488.4[P/OL]．2020-05-08．http://www2.soopat.com/Patent/201911251488．

[54] 迈耶．最新英汉美术名词与技法辞典[M]．清华园 B558 小组，译．北京：中央编译出版社，2008．

[55] 聂建华，王俊，李吉昌．一种高效提取沉香精油的方法：201810053668.0[P/OL]．2018-07-31．http://www2.soopat.com/Patent/201810053668．

[56] 唐刚，韩贺玲，卜俊．草木染的染色多样性探究[J]．染整技术，2018，40（9）：10-14．

[57] 陈诚玉．一种毛巾生产用染色装置：201922281979.5[P/OL]．2020-11-27．http://www2.soopat.com/Patent/20192228197956．

[58] 高保山，刘德祖，王保柱．渗透压在植物体内水分运输中的作用[J]．河北林学院学报，1995（2）：155-159．

[59] 徐金荣．一种蚕茧真空渗透吸水装置：202020394981.3[P/OL]．2020-12-11．http://

www2.soopat.com/Patent/202020394981.

[60] 刘涛，刘芝美，杨绍琴，等．酶洗纺织品专用酶制剂及其制备方法：94113376.1[P/OL]．1995-10-04．http://www2.soopat.com/Patent/94113376.

[61] 程菊娥，杜晓华，苏品，等．光合细菌类球红细菌菌株、菌剂药剂及其制备方法和应用：201910427677.6[P/OL]．2019-09-06．http://www2.soopat.com/Patent/201910427677.

[62] 朱正威，赵占良．生物学：七年级：上册[M]．北京：人民教育出版社，2012.

[63] 朱正威，赵占良．稳态与环境：必修3[M]．北京：人民教育出版社，2007.

[64] 姚蔼芸．生态瓶：201810376358.2[P/OL]．2018-09-28．http://www2.soopat.com/Patent/201810376358.

[65] 赵志刚，韩成云，王重庆，等．一种利用黄秋葵果荚提取液提高绿豆芽产量的方法：201510915212.7[P/OL]．2016-05-18．http://www2.soopat.com/Patent/201510915212.

[66] 张立磊，王少平．不同浸种温度和时间对观赏向日葵种子发芽的影响[J]．种子，2013（12）：73-75.

[67] 范冬冬，党继革，代云志，等．一种向日葵花粉离体萌发的培养基及测定向日葵花粉活力的方法：201510145855.8[P/OL]．2015-06-24．http://www2.soopat.com/Patent/201510145855.

[68] 韩朝芳．一种蝴蝶养殖羽化箱：202020607082.7[P/OL]．2020-11-20．http://www2.soopat.com/Patent/202020607082.

[69] 黄丽娟．"CO_2 浓度对光合作用强度影响"的实验改进[J]．教育与装备研究，2019（6）：35-38.

[70] 潘业兴，王帅．植物生理学[M]．吉林：延边大学出版社，2016：57-60.

[71] 潘瑞炽．植物生理学[M]．北京：高等教育出版社，2008：56-92.

[72] 朱正威，赵占良．分子与细胞：必修1[M]．北京：人民教育出版社，2007.

[73] 胡晓宏．光合作用保鲜灯及具有该光合作用保鲜灯的冰箱：201220207637.4[P/OL]．2012-11-14．http://www2.soopat.com/Patent/201220207637.

[74] 杨立中，林建雄．一种基于选择性透射温室效应的空气源热泵：201820316615.9[P/OL]．2018-12-14．http://www2.soopat.com/Patent/201820316615.

[75] 严春新，马英．拟石莲花属多肉植物的培育方法：201511003044.0[P/OL]．2016-04-06．http://www2.soopat.com/Patent/201511003044.

[76] 秦钧，冷文川，倪晓天，等．一种尿蛋白制备方法及尿蛋白质组的检测方法：201710048099.6[P/OL]．2018-07-27．http://www2.soopat.com/Patent/201710048099.

[77] 郑琴，刘瑞卿．一种便捷式血糖测定装置：202021629993.6[P/OL]．2021-05-25．http://www2.soopat.com/Patent/202021629993.

[78] 吴静珠，王克栋，董晶晶，等．一种便携式直链淀粉测定仪：201711273701.2[P/OL]．2018-05-08．http://www2.soopat.com/Patent/201711273701.

[79] 陈建勇，须华东．一种乳脂肪测定系统：201710573167.0[P/OL]．2017-10-24．http://www2.soopat.com/Patent/201710573167.

[80] 朱正威，赵占良．遗传与进化：必修2[M]．北京：人民教育出版社，2007.

[81] 索姗姗. 探寻科学家足迹 建构细胞膜模型: "细胞膜的结构和功能" 教学设计[J]. 中学生物教学, 2021 (15): 63-66.

[82] 张磊, 袁辉, 张志坚. 一种 DNA 双螺旋结构纸模型教具: 201520135653.0[P/OL]. 2015-07-08. http://www2.soopat.com/Patent/201520135653.

[83] 汪德清, 杨璐, 于洋, 等. 一种红细胞膜及其制备方法和应用: 201611159359.9[P/OL]. 2017-05-31. http://www2.soopat.com/Patent/201611159359.

[84] 盛鸥, 邓贵明, 魏岳荣, 等. 一种适用于提取香蕉不同组织的基因组 DNA 的方法: 201510202596.8[P/OL]. 2015-09-09. http://www2.soopat.com/Patent/201510202596.

[85] 苗立祥, 张豫超, 蒋桂华, 等. 一种草莓基因组 DNA 的提取方法: CN201510047761.7[P/OL]. 2015-07-29. http://www2.soopat.com/Patent/201510047761.

[86] 周云彪, 赵兴春, 叶健. 一种提取纯化唾液 DNA 的方法: 201110105238.7[P/OL]. 2011-10-19. http://www2.soopat.com/Patent/201110105238.